Bibliothèque

DES SCIENCES

ET DES ARTS.

Impr. de C. Rey J^{ne} et Cie, place St-Jean, 6, à Lyon.

NOUVELLE
MÉTHODE DE DESSIN

et de

PERSPECTIVE PRATIQUE,

PAR

MM. Alph. Daix & Is. Patrois,

Professeurs de Dessin.

Paris,

AU BUREAU DE LA BIBLIOTHÈQUE DES SCIENCES,

RUE DE BUSSY, 15.

—

1842.

NOUVELLE MÉTHODE

DE DESSIN.

BASES DU SYSTÈME.

Les méthodes généralement suivies jusqu'ici pour l'enseignement du dessin, offrent de graves inconvénients ; les difficultés qu'elles suscitent aux élèves, le temps dont elles sont prodigues, à leurs dépens, sont des empêchements aux progrès de l'art et de l'industrie. Aidés de l'expérience, nous avons cherché pour cet enseignement une route meilleure.

Les lois qui président au développement des effets dont traitent les sciences physiques, doivent servir de bases aux théories de ces sciences : c'est là, pour ces théories, le dernier terme de la perfection. Quant au dessin, qui a de même sa science, l'étude doit en être réglée sur le développement des effets qu'il a pour but d'imiter. Dans cet art, l'observation du principe est donc de toute nécessité. Pénétrés de cette vérité, nous sommes partis de ce point :

Qu'est-ce que dessiner ?

C'est rendre, par la *copie*, l'EXPRESSION de ce que l'on voit. Nous disons *expression :* car, en dessin, les moyens sont toujours identiques ; il n'y a que la pensée exprimée qui diffère. Nos observations doivent donc reposer sur la manière dont se présente ce que nous voyons, pour y chercher l'expression ou plutôt l'intention, ce qui porte le cachet de l'originalité. Puisque nos observations doivent se porter là, pourquoi n'y ferions-nous pas tendre nos premières études? Nous avons cherché, dans la nature même, le moyen le plus simple d'étudier et de reproduire l'intention.

Or, l'intention, qui est l'idée à son état de plus grande simplicité, nous avons vu qu'elle réside dans une certaine charpente qu'on pourrait appeler aussi *ensemble des grandes directions par angles vifs*. En effet, cette charpente, qui n'est composée que de quelques grandes lignes droites, donne à l'ensemble le mouvement et la direction, qui expriment eux-mêmes l'intention.

Éloignons-nous des corps : nous pourrons nous faire une idée de cette charpente. Un homme, par exemple, examiné de loin, paraît tout simplement un composé de parties droites, qui se dirigent dans autant de sens que cet homme opère de mouvements. A cette distance, nous ne distinguons pas les détails anatomiques dont il est couvert : nous n'apercevons que l'action qui doit animer ces détails. Si nous nous approchons de lui, l'anatomie se développera sur les lignes simples ; nous serons conduits de la première charpente, ou intention générale, à une seconde charpente, ou collection des intentions particulières ; à cette seconde distance, les muscles, les saillies de la face et du profil se montreront à nous. Enfin, si nous mettons le modèle complétement à la portée de notre vue, nous verrons en lui l'intention générale ou charpente anguleuse du *premier ordre*, l'intention des muscles ou charpente anguleuse du *second ordre*, et le *fini*.

On s'aperçoit aisément qu'il n'y a pas dans le monde des formes, une seule figure, excepté la figure circulaire, qui n'aient pour premier motif cette charpente. Hors de là, tout est accessoire. Cette charpente, c'est la forme :

la forme brute, il est vrai ; mais la première forme, celle qui nous plaît ou nous déplaît. Dans les travaux artistiques, c'est l'œuvre du génie ; le talent se charge du reste. En effet, celui qui compose et que l'inspiration presse, a besoin d'articuler, par le moyen le plus court, tout ce qu'il imagine : ce moyen c'est notre charpente. En elle, tout est brisé, tout est heurté, tout a une direction spontanée, hardie ; c'est une réunion très simple de lignes droites.

Si cette charpente est la première condition des formes, si elle est nécessaire comme ensemble expressif, nulle erreur pour nous d'en proposer l'étude. Nous voulons donc, qu'au rebours de ce qui a été fait jusqu'ici, laissant l'étude incohérente et morcelée d'une superficie trop savante pour de jeunes élèves, les nôtres fassent l'étude de la charpente anguleuse, qui est le plus simple travail du dessin et qui sert de limite aux autres travaux. De cette manière, non-seulement le mouvement général de leur copie sera mieux senti et plus vrai, mais encore ils ne seront plus exposés, comme par le passé, en allant successivement d'un détail à l'autre, à perdre les directions ; ce qui souvent expose à recommencer une copie presque achevée.

En quoi consiste l'étude de cette charpente? en celle d'une seule figure, qui est une figure géométrique (*l'angle*) : car cette charpente, nous l'avons dit, n'est qu'un composé de lignes dont la première condition est d'être droites; or deux lignes droites jointes par l'une des extrémités de chacune, forment un angle : on n'a plus qu'à poursuivre une construction quelconque pour obtenir une collection d'angles plus ou moins variés.

Voici donc qu'avec l'étude de ce *principe universel* (l'angle), de cette figure qu'on obtient par deux lignes droites, nous conduirons à l'étude de la nature entière; car, paysages, animaux, fleurs, ornements, tout a sa charpente.

Maintenant, il nous faut suivre la marche que suit un écolier qui apprend à lire. L'angle, ici, joue le même rôle que l'alphabet dans la grammaire : il demande à être connu de l'élève dessinateur aussi bien que l'alphabet demande à l'être de l'écolier. Seulement, l'angle présente plus de figures que l'alphabet : quoiqu'on ne lui donne que trois dénominations , il a un nombre indéterminé de valeurs, quand il est aigu ou obtus, et encore par rapport à la différence de longueur des lignes des côtés et à sa position à l'égard de l'horizontale ou de la verticale ; et ces diversités, il faudrait que l'élève les connût tellement, qu'à la première vue il pût les apprécier quelles qu'elles fussent : la considération de toutes ces valeurs, travail unitaire dans ses transformations, le mettrait promptement en état d'étudier avec ordre et fruit toute espèce de dessin. Arrivé à la copie d'un ensemble, il n'aurait plus ni embarras, ni doute, tout se résumerait pour lui, en une difficulté unique, celle de l'angle même.

Ordinairement l'étude n'est pénible et longue que parce qu'on est obligé de quitter souvent une sorte de travail pour une autre ; ce qui met de la diffusion, et nuit par conséquent à la continuité d'efforts qui deviennent trop nombreux pour être suivis. Le système que nous proposons est essentiellement débarrassé de cet inconvénient : à part le travail du fini qui viendra ensuite, l'esprit de nos élèves ne se portera que sur un seul objet, l'angle. Il est facile d'imaginer combien pourra devenir puissante, en peu de temps, cette étude incessante, qui prendra l'élève au premier pas dans la carrière et le conduira jusqu'au bout. On doit comprendre aussi que, par sa simplicité, cette étude absolue permettra aux élèves de travailler seuls. Du moins, par le raisonnement, ils seront affranchis de l'influence, souvent trop grande, des manières du maître. Le professeur sera réduit à ses véritables fonctions; il restera surveillant, conseiller, directeur; il ne substituera plus *sa manière* à la réalité du modèle.

Nous n'avons pas la prétention de travailler un sujet totalement inconnu. On a pu l'envisager, mais sous un autre point de vue; nous pourrions presque dire qu'on n'a fait que l'effleurer. On n'en a tiré aucune *raison d'être*; on n'en a fait surgir aucun principe; de façon qu'enfin les angles n'ont été généralement considérés, jusqu'ici, que comme une manière dont l'originalité ferait le seul mérite. Ainsi, dans le trait carré, façon de dessiner qui a le plus mis l'angle en évidence, on n'a fait que construire par lignes droites avec d'aussi grands frais, ce que, auparavant, on construisait par lignes courbes.

Murillo alla plus loin. Il institua à Madrid une école de dessin, dans laquelle il faisait pressentir la nécessité du système que nous proposons; car il recommandait à ses élèves non-seulement la copie, mais l'*observation* des angles de l'anatomie. Malheureusement ses élèves étaient à l'étude des *académies;* et lui-même ne les avait rapprochés de la vérité qu'à travers les erreurs de la méthode ordinaire. Toutefois, cette idée incomplète du maître espagnol nous a confirmés dans notre conviction, qu'il faut organiser ce système si puissant que l'étude d'une seule figure mène à la connaissance de la nature entière.

L'angle sera donc, chez nous, la base des études. Ce principe, après avoir réglé les premiers essais de l'élève, agira sur le génie même de l'artiste, dont il agrandira les vues; et jamais il ne l'abandonnera, soit sur la route des détails soit sur celle des ensembles. Formulons mieux notre pensée.

L'angle est le type de l'énergie; c'est l'expression d'une volonté; c'est par le plus ou le moins de fermeté dans les angles que les figures se caractérisent; les grands effets de la nature ne s'expriment que par des angles. Voyez une tempête : ce sont les vagues qui s'élancent, c'est un vaisseau que le vent couche sur la mer, c'est un nuage qui s'avance rapidement; sur la terre, c'est un arbre qui se brise. Pour la physionomie humaine, voyez la figure du Dante : quel type nous rendra mieux raison de l'angle, comme expression de la pensée ? Comment Michel-Ange donnait-il de la force à ses natures? par la fermeté des angles de l'anatomie. La contorsion, qui est l'expression de la vie par excellence, comment se rend-elle ?—par l'énergie des angles. — C'est ici que nous élèverons les vues de l'artiste, que nous lui ferons palper le grand secret de la puissance apparente. Poussin comprenait fort bien toute la vertu de l'angle : ses figures, draperies ou autres formes, sont taillées si fortement qu'on pourrait peut-être même lui reprocher de leur laisser de la dureté, si l'on ne savait que ce grand maître s'attachait spécialement à la reproduction du sévère et du correct. Dans un autre esprit, Salvator-Rosa ne s'est pas non plus mépris lorsque, dans ses fougues, il voulait exprimer l'énergie et la puissance : voyez comme toutes ses compositions sont anguleuses ?

L'habitude d'observer les angles donne promptement la facilité de bien exécuter le portrait, car les types ne diffèrent que par les angles (Voy. pl. 19.) Il y a mille physionomies diverses, les unes allongées, les autres courtes ; des fronts hauts, bas, larges, déprimés ; des profils ressortants, rentrants ; des nez aquilins, relevés ; des sourcils abaissés, fuyant vers les tempes ou revenant sur eux-mêmes ; des mâchoires carrées, pointues, rentrantes ou sortantes ; des bouches ironiques, souriantes ; enfin des figures animées par la joie, la colère, la douleur, etc. ; toutes ces manières d'être ne sont que des angles différents et différemment harmoniés. Du reste, on sait que généralement ces angles s'ouvrent, se resserrent, ou se détendent, c'est-à-dire deviennent aigus ou obtus, selon que les traits prennent du sérieux ou de l'amabilité.

La figure triangulaire peut encore s'appliquer là où elle n'existe pas naturellement : par exemple, dans la copie d'un tableau (Voir pl. 20), pour la coordonnance, avec trois points apparents, on forme de suite une figure qui peut supporter la comparaison avec un triangle géométrique ; et l'on sait combien l'œil est à son aise lorsqu'il se repose sur des formes pour juger des distances. D'ailleurs, c'est une chose vraiment digne de remarque, que ce triangle qu'on est convenu de faire dans l'académie pour déterminer correctement la place des deux bouts de sein et de la jonction des clavicules : car le triangle n'est ici qu'une figure de comparaison , variant selon les mouvements de l'académie. Cette convention contribue à prouver que nous n'avons pas tort de prendre le triangle comme figure de comparaison. Le principe du triangle, sous ce point de vue, doit être acceptable dans tous les cas, ou ne doit l'être dans aucun; car partout où il sera possible de l'appliquer, ce sera toujours la réunion de trois points pris comme sommets d'angles. Ainsi, dans un tableau, les trois points les plus apparents (comme $A, A, A, pl.$ 20), une fois déterminés, il y en a autant d'autres formant des triangles inséparables (comme A, A, B) qu'il y a de points à indiquer pour arriver au placement complet. Et, quoi de plus simple à imaginer et à juger que la forme triangulaire, surtout pour un élève qui, arrivé à la copie des grandes compositions, a, dès l'origine de ses études et jusqu'aux phases supérieures, étudié d'une manière spéciale l'angle, sous toutes ses transformations ?

Dans le paysage, la perspective, si elle n'est pas architecturale, peut être appréciée par un élève formé à l'étude des angles.

Ainsi, quant aux fuites de chemins, d'arbres, de rivières, de montagnes; aux intersections des corps; en un mot, à tout ce qui n'exige que du sentiment, l'observation des effets perspectifs peut être rendue parfaitement par la copie exacte des angles, résultat obligé de toute perspective.

Suivant la routine, quand un élève a le bonheur de saisir passablement une copie, à quoi le doit-il? à des tâtonnements sans fin; on pourrait presque dire *au hasard :* car le dessin qu'il a bien exécuté aujourd'hui, demain il le manquera. La raison en est simple : les formes, pour lui, ont chacune des difficultés à part qui sollicitent également tous ses efforts, et ces difficultés, nombreuses déjà dans un modèle, le deviennent à l'infini dans la collection des modèles. Il ne peut donc jamais avoir que de l'hésitation en abordant son travail, et l'hésitation est le plus grand désorganisateur de l'ensemble. Quelques années d'étude, nous le savons, le familiarisent avec son modèle ; mais quelques années, c'est énorme ! qui peut évaluer la conséquence d'une telle perte ? Cela va, parfois, jusqu'à un dégoût définitif. Que manque-t-il donc à cet élève ? Ce n'est pas la bonne volonté ; mais il ne sait que faire.

Ce qui lui manque, c'est une direction dont il puisse lui-même se rendre compte. En dehors de l'atelier, cet élève n'a aucune raison de ce qu'il y a fait; il a sans cesse besoin de son professeur; ailleurs, il ne sait faire aucune observation; il ne sait travailler que le crayon à la main : c'est la perte des trois quarts d'un temps dont le reste **est** consacré à des tentatives routinières.

S'il se trouve devant une statue ou quelque autre objet, c'est toujours en vain : son jugement et son coup-d'œil ne s'y exercent pas. Que de temps, que d'observations précieuses perdus! Or, ces observations pourraient à elles seules, donner une heureuse impulsion au talent, en lui découvrant la simplicité des choses : découverte qui, en l'intéressant, lui inspirerait un vif désir de succès. Au contraire, l'élève ne voyant d'ordinaire dans les choses que des objets difficiles à rendre, et dont l'existence ne l'intéresse guère, passe devant elles sans devenir pour cela, plus avancé dans l'étude de l'art auquel il se livre.

Supposons-le dans la campagne. Jeune et étourdi qu'il est, il voit un arbre; à peine s'il y repose l'œil : la nature est trop féconde pour qu'il s'embarrasse à considérer chaque objet d'une même espèce; et les inclinaisons, les différentes parties de cet objet sont, par leur variété même, autant de motifs d'indifférence pour lui. Se demande-t-il comment il pourrait obtenir la copie de ce qu'il voit? Non. En eût-il d'ailleurs l'intention, tout lui papillotte trop à l'œil pour qu'il puisse mettre à profit ce premier mouvement. Il voit donc les plans, les formes, les fuites, sans se les expliquer; et, au lieu d'avoir en dehors du sujet la représentation de ce sujet dans l'esprit, il l'oublie bientôt. Il rencontre d'autres tableaux, sans plus de fruit, et il perd même toute réflexion dans la lassitude morale occasionnée par cette foule d'objets trop légèrement parcourus. Il est inutile, se dit-il, que je m'arrête plutôt à ceci qu'à cela; quand je ne puis copier ni une chose ni l'autre, que me servira de l'avoir regardée? Tout à l'heure je ne m'en rappellerai plus les formes. Ici, du moins, il a quelque apparence de raison : car on ne lui a jamais appris à voir dans les formes autre chose que des formes. Mais, faites-lui observer que cette nature si variée se résume en une seule figure; vous captiverez d'abord son attention par la curiosité; il cherchera, et, trouvant ainsi lui-même dans la nature l'explication de ce qu'on lui aura dit, trouvant la facilité de la reproduction dans la simplicité à laquelle se réduit tout ce qui se présentera à sa vue, il sera conduit à la nécessité de se rendre compte de tout. Voilà donc une étude de réflexion engagée, et d'autant mieux, qu'elle n'aura pas besoin d'efforts, et que la vue seule la rappellera constamment. Laissons-le poursuivre : en comparant les divers assemblages d'angles, leur complication ou leur simplicité, l'élève se rendra compte de chaque chose et s'habituera à tout apprécier.

Jusqu'ici, nous avons parlé du fruit que l'élève artiste pourra retirer de ce nouveau système dans l'atelier et en dehors de l'atelier; voyons ce que l'artisan en tirera, lui qui, n'ayant qu'un certain temps limité pour s'occuper du dessin, le laisse, la plupart du temps, quand il n'en sait tout au plus qu'assez pour avoir et le désir d'aller plus loin, et le dégoût de son état.

Le dessin de sentiment, sous le point de vue industriel, ne peut avoir, selon nous, pour but raisonnable, que de développer la justesse du coup-d'œil et la rectitude du jugement, par rapport aux différentes appréciations que l'industriel est constamment obligé de faire dans son travail. Or, quand il aura appris à faire machinalement des yeux, des nez, des bouches, des académies même, à quoi cela le mènera-t-il? en saura-t-il foncièrement rien de plus pour cela? Non : il ne saura tout au plus que faire de mauvaises images, qui l'enfleront de vanité et le feront choir complétement devant tout homme comprenant l'art. On ne saurait trop éviter de pareilles déceptions.

En présence de ces fâcheux résultats d'une étude inconséquente et puérile, nous dirons à celui-là : il ne faut pas, vous, que vous vous occupiez exclusivement du dessin des figures ou de tel autre dessin, *quand il n'est pas directement de votre ressort*, il faut, au contraire, que vous parcouriez toutes les branches du dessin, paysages, animaux, etc. Sans doute, nous ne prétendrons pas que l'artisan connaisse à fond chacun de ces genres, mais nous le mettrons à même d'en tirer ce qui est nécessaire au but qu'il se propose; et cela, d'autant mieux que les études qu'il fera sur une chose, se reporteront sur une autre, puisque c'est par le même moyen (*l'angle*) qu'il les étudiera toutes. Et partout il rencontrera ce motif d'étude, dans son travail, dans ses promenades, en un mot dans tous les lieux et sous tous les aspects. On peut comprendre, dès-lors, combien une telle familiarité avec la nature lui sera avantageuse, et l'école de dessin ne lui servira plus que pour mettre en pratique ses observations. Là, il retrouvera paysages, animaux, figures, etc., etc., pour s'exercer, d'une manière positive, sur une matière qu'il aura été à même d'observer partout. De cette façon, amené aux grandes proportions du jugement, il aura de l'art tout ce qui est nécessaire à l'élévation de l'esprit. Il est vrai qu'il ne saura pas faire de dessins pour tapisser sa chambre, mais nous ne regretterons pas cela pour lui. Et d'ailleurs, si son organisation lui dit de poursuivre les arts, le champ que nous lui aurons premièrement ouvert, ne servira qu'à alimenter ses désirs. Et, s'il le veut, la science du fini, il l'obtiendra par une étude plus détaillée.

D'après ce qui précède, ces quelques mots peuvent suffire à faire comprendre, nous le pensons, les résultats de l'application de notre nouvelle méthode, faite aux besoins de la classe industrielle. Nous terminerons ici le développement de la raison d'existence de cette méthode, pour donner un aperçu de son application immédiate.

THÉORIE DU SYSTÈME.

La simplicité à laquelle se réduit la première charpente, et l'initiation ménagée qui conduit, des quelques angles dont elle se compose, à la charpente secondaire (celle des muscles et des détails), et de cette dernière au fini, nous ont prouvé par l'expérience qu'on peut aborder les travaux d'ensemble et en rendre le développement possible.

D'autres, avant Jacotot, avaient senti qu'il faut se donner garde d'imposer lentement et profondément, comme par l'ancienne manière, de fausses et décevantes impressions à l'intelligence souple et obéissante des enfants; car, depuis longtemps on est arrivé à cette vérité, que les premières impressions qu'ils reçoivent sont les plus durables; sont, pour ainsi dire, inébranlables, surtout quand ils les ont reçues filtrées à travers les lenteurs du temps.

Proposons les études d'ensemble, a dit

Jacotot, c'est une nécessité ; car il est pernicieux pour l'élève qu'on rende péniblement et à force de sueurs et de temps, son intelligence étroite et sa main à jamais timorée. Se propose-t-il, cet enfant, comme but d'avenir, la copie incohérente de nez, d'yeux et de bouches ; d'arbres, de feuilles et de troncs ? Son but bien arrêté, celui auquel tendent tous ses désirs, celui qui anime toutes ses espérances ? ce n'est pas celui-là. Il rêve une statue, un paysage, il n'a jamais eu d'autre but que d'arriver à en prendre la *portraiture*. Il veut, avant tout, vivre dans ce qu'il fait, comme l'artiste vit dans sa statue, vit dans son paysage, vit en un mot dans ce qu'il voit s'animer sous sa main, tandis que lui se traîne sans ambition, sans émulation, sans motif de hâte, sur des détails qu'il ne comprend souvent pas. Jacotot n'a donc pas imaginé, mais senti le besoin de suivre une autre route : La boussole didactique seule l'a conduit à dire : « il faut donner une statue à cet élève, laissez-le faire, il y a de la puissance d'imitation chez lui. » Malheureusement, Jacotot avait trop compté sur cette puissance, car il négligea d'aider l'instinct et compliqua le travail.

Depuis lui, nous ne sachions pas qu'on ait aplani les difficultés.

Nous ne croyons pas qu'il suffise, pour donner l'intelligence des ensembles, de ne faire aborder que des parties plus ou moins complexes. On pêche aussi bien contre l'harmonie, en disjoignant la tête du buste, le buste du torse, et celui-ci des membres, que si l'on pratiquait selon Léonard de Vinci, qui étudiait à part chaque détail, comme l'œil, le nez, etc.

La statue, voici notre modèle. Telle que le sculpteur l'a faite, nous la posons devant nos élèves, en leur indiquant, dans le mouvement général, la charpente de premier ordre, et dans les formes de détails celle du second. Poursuivons. Maintenant que nous avons initié notre adepte au but par les ensembles, maintenant que l'impression la plus durable a été produite chez lui, nous arrivons aux détails.

L'étude consciencieuse des détails ne saurait être abordée autrement que partie par partie. Il est certain que chaque détail de la physionomie humaine, a des conditions d'existence trop distinctes, et demande, par cette raison, à être trop consciencieusement médité et travaillé, pour que l'é-

tude puisse en être faite autrement. Et la
nature est-elle moins féconde en délicatesse
dans toutes ses œuvres, soit paysages soit
fleurs, etc.?

La science de l'ensemble étant obtenue, et
une sorte de familiarité avec la place de chaque détail étant acquise par les premiers travaux où ces détails ont été charpentés, quoi
de moins dangereux que d'amener l'élève à
une étude plus intime et plus lente.

Arrivé là, on touche au fini.

Pour ce qui est de l'étude du trait, voici
donc deux parties bien caractéristiques,
celle de la charpente par les angles, et celle
du fini par les détails finis. L'étude des ombres appartient à cette dernière.

Etude de la ligne droite, des angles, de la charpente.

L'ordre dans lequel se développent les
effets naturels, ainsi que nous l'avons dé-
montré dans la raison d'existence du système, nous ramène de la forme superficielle
à la charpente angulaire; de cette charpente
à l'angle, et de l'angle à la ligne droite.
Donc, nécessité à nous de diviser ainsi nos
études : Études de lignes droites, — d'angles, — de fini.

Étude des lignes droites.

L'étude des lignes, comme toutes les études qui font la base d'une science, doit être faite le plus complétement possible. Ici, nos lignes sont droites. Plus tard, quand nous aurons vu les charpentages et que nous toucherons au fini, nous travaillerons la ligne courbe.

Des exercices sérieux doivent être faits sur les différentes natures des lignes droites, sur leurs différentes longueurs et leurs différentes inclinaisons, et dans l'ordre suivant :

Lignes verticales, lignes horizontales et lignes obliques.

La ligne verticale tombe de haut en bas. On l'obtient parfaite en attachant un corps pesant au bout d'un fil, et en abandonnant ce corps à lui-même, de manière qu'il y reste suspendu; ainsi, le fil à plomb, du maçon. (*fig.* 1.)

Lorsque ce corps est à l'état de repos, c'est-à-dire qu'il n'oscille plus, ni à droite ni à gau-

che, le fil à plomb donne ce qu'on nomme
une ligne verticale. Il faut s'exercer à tracer légèrement, et sans le secours de la
règle, des lignes semblables à celle-ci,
jusqu'à ce qu'on soit arrivé à le faire sans
difficultés.

Parvenu là, on divise cette ligne en plusieurs parties égales, auxquelles on adjoint
encore des fractions de ces parties :

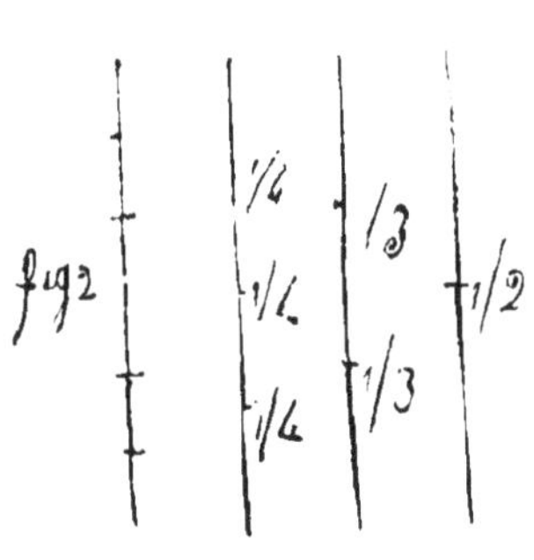

puis, on en assemble
plusieurs de longueurs
inégales, et on cher-
che à reproduire, le
plus exactement pos-
sible, la dimension de
chacune. Ce travail,
qui a pour but d'exer-
cer à la justesse des proportions, est un
des principaux exercices du dessin ; on le
commence à la ligne simple, et jusqu'à la
copie des tableaux, inclusivement, on ne
cesse d'y avoir recours.

La ligne horizontale (*fig.* 3) est celle qui
est parallèle à la surface d'une eau tran-
quille, celle d'un étang, par exemple. On
peut la définir encore, en disant que, cou-

pant une ligne verti-
cale, elle lui est per-
pendiculaire, fig. *B*,
et que, par consé-
quent, elles forment
ensemble quatre an-
gles droits.

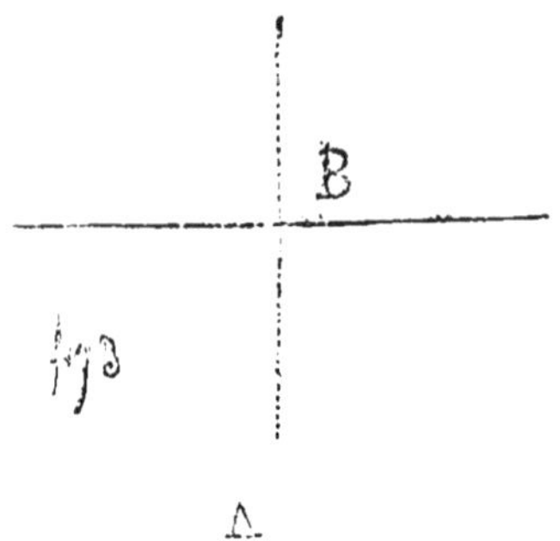

Il faut s'appliquer
à l'étude de la ligne
horizontale ainsi qu'on l'a fait pour la verticale, c'est-à-dire commencer par une ligne seule, puis, parvenu à bien la saisir,
en copier plusieurs de différentes longueurs,
avec divisions.

Reste à étu-
dier, comme li-
gne simple, la li-
gne oblique dans
toutes ses incli-
naisons, tant à
droite qu'à gau-
che de la ligne
verticale fig. *4*,

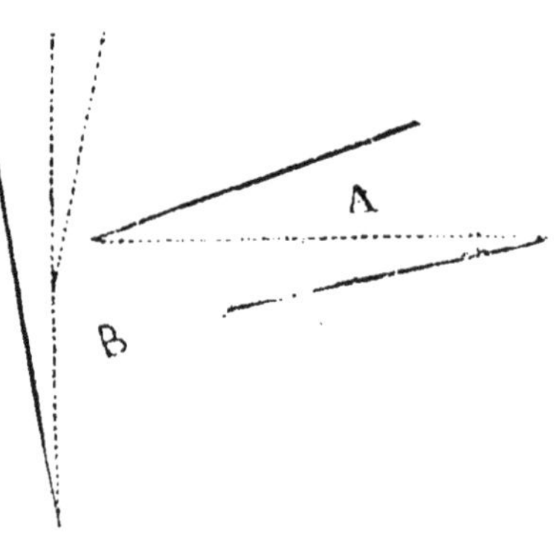

et soit qu'elle tende, plus ou moins, à se
rapprocher de la ligne horizontale fig. A.

Il suit de là que les lignes obliques peuvent varier indéfiniment, pour l'inclinaison.
Les lignes verticale et horizontale seules

sont invariables, car on dit encore, comme définition des lignes obliques, que la ligne droite, qui n'est ni verticale ni horizontale, ne peut être qu'oblique.

On juge de l'inclinaison des lignes obliques en les comparant à des horizontales ou à des verticales imaginaires. Pour cette opération, on a recours à son porte-crayon qu'on tient dans l'une ou l'autre de ces deux positions verticale ou horizontale.

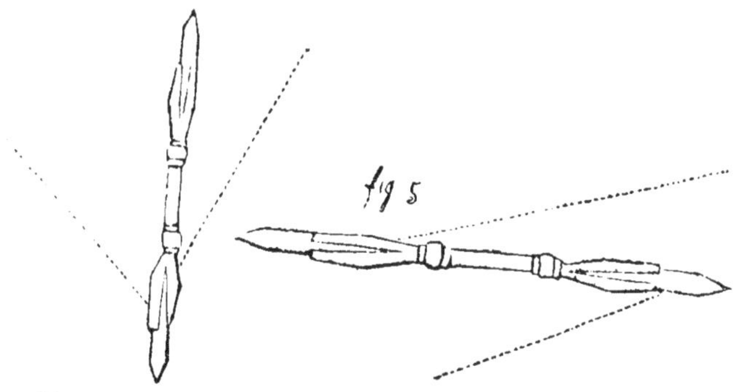

Et comme on le voit, selon que les lignes se rapprochent plus ou moins du porte-crayon, par l'une de leurs extrémités, elles forment des angles plus ou moins aigus. C'est de la justesse d'ouverture de ces angles que vient l'exactitude des inclinaisons. Inutile de dire que, comme on l'a fait pour les horizontale et verticale, après la copie de la ligne isolée, on doit passer à celle d'une agglomération de ces lignes de plus en plus compliquées, et que les divisions et les proportions doivent être observées comme précédemment.

Cela fait, il reste à dessiner sur toutes ces lignes verticale, horizontale et oblique, des parallèles. (*fig.* 6.)

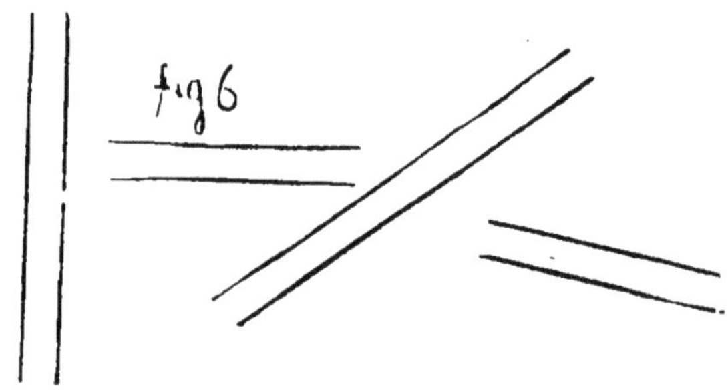

La seule définition des lignes parallèles est, qu'en les prolongeant, elles ne doivent jamais se couper.

Pour ce qui est de la ligne courbe, que nous ne devons étudier que beaucoup plus tard, et après les charpentages, nous renvoyons à la planche 8 de l'album. L'habitude du placement des points, qu'on aura acquise lorsqu'on y arrivera, nous dispenserait de donner aucun moyen, si ce placement ne devait pas, comme on le verra, être strictement fait dans les charpentes du second ordre.

Etude des angles.

Si l'on imagine deux lignes droites, non parallèles, et se rencontrant par l'une de leurs extrémités, on obtient, comme nous l'avons dit, une figure géométrique que l'on nomme angle.

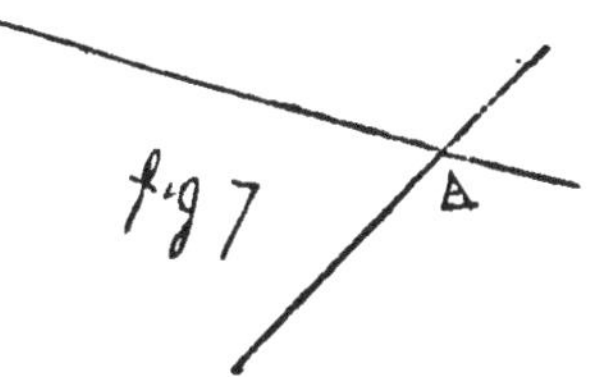

Le point d'intersection *A*, formé par la rencontre de ces deux lignes, se nomme sommet de l'angle.

Nous avons expliqué comment il se fait que tout, dans la nature, est supporté par des angles; comment la charpente, qui est l'inévitable moyen de construction, n'est qu'un composé d'angles : ce qui réduit l'étude de fond du dessin tout entier, à l'étude de cette seule figure géométrique, dont la transformation et l'agencement font toute la variété de la nature. Nous pouvons, dès-lors, nous dispenser d'attirer, par des mots, l'attention sur tout ce qu'a d'essentiel cette étude des angles.

L'angle, nous l'avons dit, n'a que trois formes auxquelles on ait donné des noms (l'angle droit, l'angle obtus et l'angle aigu), et qu'une de ces formes qui soit invariable, celle de l'angle droit.

Il est droit, lorsque les deux lignes qui le forment sont verticale et horizontale, c'est-à-dire que l'une des deux ne penche pas plus d'un côté que de l'autre sur la seconde, et réciproquement.

Il est obtus, lorsqu'il est plus grand que l'angle droit, et alors il peut avoir autant de transformations qu'il y a de points sur le quart de cercle, qui se trouve au-delà de l'angle droit.

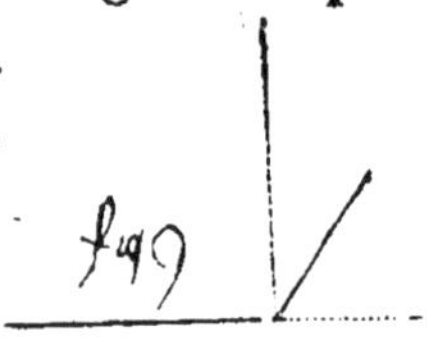

Enfin, il est aigu, quand il est plus petit, et il a autant de transformations qu'il y a de points sur le quart de cercle qui unit les deux côtés de l'angle droit.

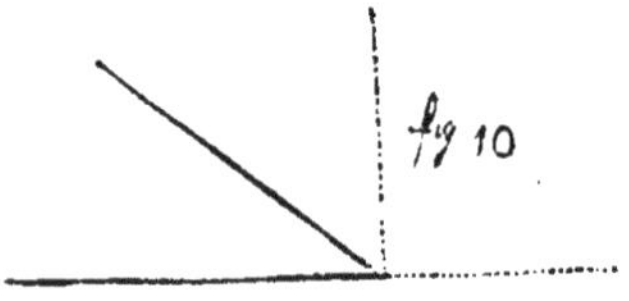

On doit, d'abord, dessiner des angles droits à côtés égaux.

Ensuite, des angles droits à côtés inégaux ; toujours en

se rapprochant,
le plus possible,
des proportions
du modèle, non
pour la gran- 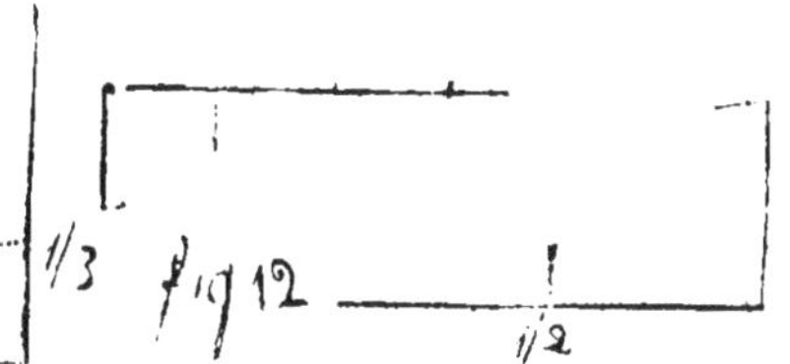
deur réelle, mais pour l'effet, car il importe
moins de s'attacher à la dimension qu'au
développement comparatif de chaque partie.

Ainsi, une des branches est moitié plus
petite que l'autre d'un tiers ou d'un quart;

l'angle droit peut être formé par deux
obliques. Cette dernière série doit être la
plus étendue ; car, non seulement ces angles
devront être faits égaux dans leur branche,
mais on devra, tout en observant leurs pentes, faire leurs branches tantôt moitié,
quart, ou tiers, plus petite l'une que l'autre.

L'angle droit pouvant être, comme on le
voit, formé par des lignes obliques, la meilleure définition qu'on puisse en donner est
qu'il est le quart du cercle.

2*

Car, que le cercle tourne, et que les deux diamètres *AA* et *BB* qui le partagent, soient, ou non, des lignes verticale et horizontale, elles ne le partagent pas mions de même, et l'ouverture du quart de cercle n'en est pas moins, toujours, un angle droit.

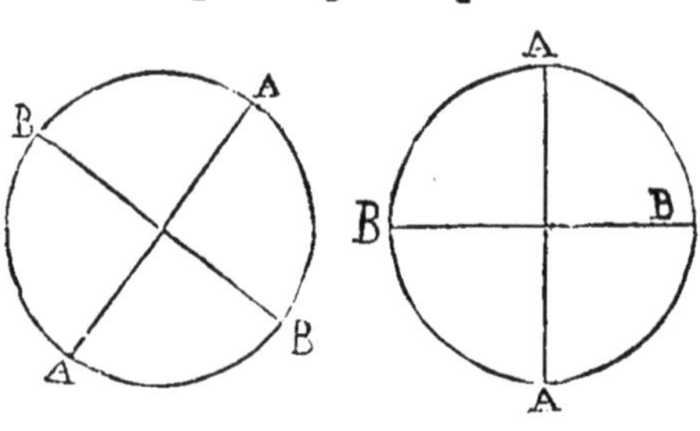

On passe ensuite aux angles obtus et aigus, dont le nombre, ainsi que nous l'avons dit, est indéterminé, surtout quand on considère que ces angles peuvent être posés horizontalement,

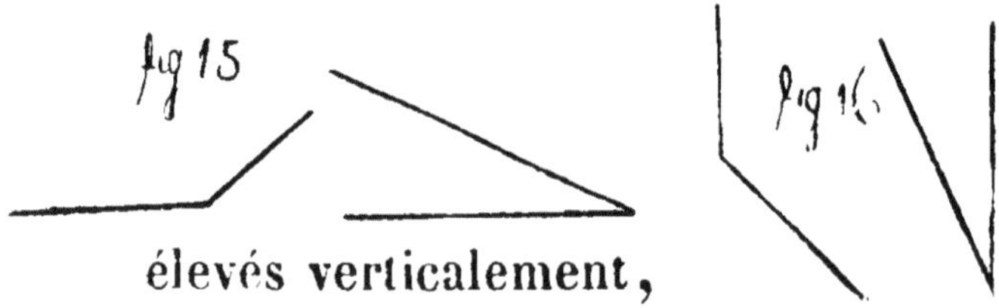

élevés verticalement,

ou placés obliquement.

Puis enfin, tous ces angles doivent être dessinés avec les proportions mathématiques de leurs branches ainsi :

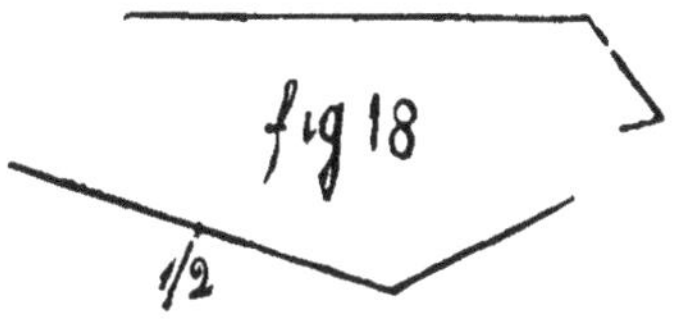

C'est-à-dire l'une des branches, moitié, quart ou tiers, plus petite ou plus grande que l'autre.

Pour l'étude de la ligne, les modèles sont tracés sur des tableaux noirs, et les élèves s'exercent à les imiter sur des tableaux noirs plus petits. Pour les angles, il en est de même; ainsi que pour les composés d'angles et les charpentes, que nous allons voir immédiatement. Jusqu'au fini, le papier blanc et le crayon sont exclus des études : la consommation serait trop onéreuse et mènerait à des résultats moins bons. Sur le papier, les facilités pour effacer étant limitées, l'élève manque de cette assurance que lui donne le tableau, où il peut, avec la craie, faire et refaire à volonté.

Après l'étude simple des angles, nous en assemblerons une certaine quantité, liés ainsi, sans intention de représenter aucun effet connu : ce sont nos composés d'angles.

Il s'agit, ici, de former des figures de plus en plus compliquées, où se réunis- sent toutes les difficultés d'angles simples dont nous avons parlé plus haut, c'est-à-dire, de positions, d'ouvertures, de développements proportionnels de chaque branche, de variétés de grandeurs, compliquées, de plus, de la difficulté de l'agencement de chacun de ces angles. Cette étude a pour but d'habituer à la copie des diverses faces charpentées des objets, à la complication du travail et au principe de l'équilibre.

Pour nous faire comprendre, à l'égard de l'équilibre, nous dirons qu'il est essentiel, surtout pour les copies d'objets entiers et composés, comme l'Académie, par exemple, de se servir d'une ligne verticale, pour que l'ensemble soit d'aplomb. Nous reviendrons sur ceci à l'article charpente sur modèles, et nous aurons alors une figure pour faire comprendre l'utilité de cette ligne qui met le haut et le bas d'un objet pesant, en rapport vertical.

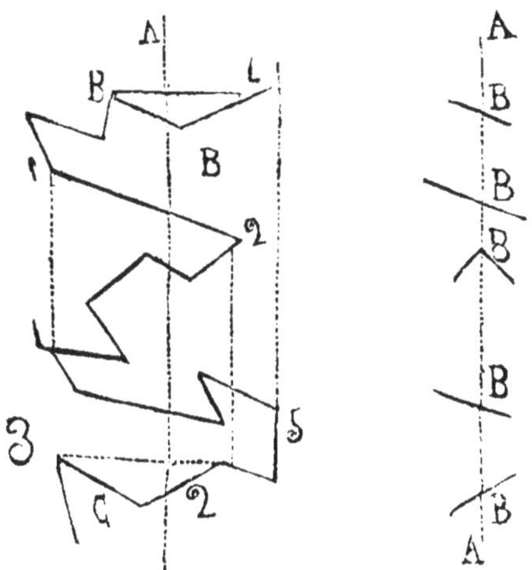

Cette ligne *A* doit traverser l'objet entier. Non-seulement elle est essentielle pour que les points des deux extrémités, qu'elle traverse, soient verticalement placés l'un au-dessus de l'autre; mais encore pour le placement des différentes autres lignes qu'elle traverse aussi, comme les lignes *B*, le commencement de construction.

Ici commence à se faire sentir le besoin de se servir d'une quantité indéterminée d'autres lignes verticales, et de lignes horizontales, pour établir les rapports qui existent entre plusieurs points distants les uns des autres. Ainsi, les deux sommets d'angles 1, du motif *a*, sont sur la même ligne verticale, aussi bien que les deux autres sommets 2, 2 (même motif) sont sur une autre même ligne verticale. Les sommets 2, 3 sont sur une même ligne horizontale; les sommets *A B* sont sur une autre même ligne horizontale, ainsi de suite jusqu'à parfaite copie, et lors même qu'un point du bas, par exemple, ne correspondrait pas verticalement avec quelque autre point que ce soit du dessus, il n'en faudrait pas moins se figurer la ligne verticale passant par le point du bas, pour savoir à quelle distance elle passerait des points du haut : ainsi, la ligne 5 passe à une certaine distance du point 4.

Pour l'appréciation à faire des distances et des rapports de ces lignes, sur le modèle, on se sert du moyen employé pour juger des lignes obliques, on tient son porte-crayon à une certaine distance et en face de son œil, dans l'une de ces deux positions :

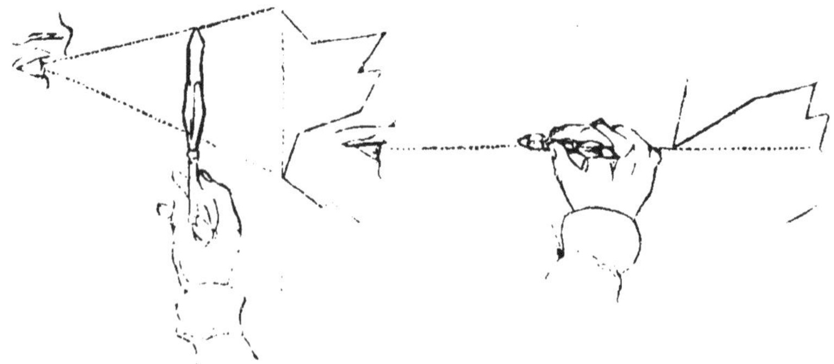

De même que, pour la copie exacte des diverses grandeurs des branches dans les angles simples, on a été obligé de les diviser mathématiquement en moitié, tiers, quart, cinquième, etc. On sera obligé, dans ces compositions d'angles, d'observer combien une ligne diffère de l'autre en grandeur, et il faudra aussi se servir de la comparaison des longueurs de lignes, avec les distances comprises entre elles, pour que ces distances soient convenablement copiées. Pour mieux nous faire comprendre, parlons de celles qui sont sur la ligne verticale *A* a.

Les diverses distances, *B*, doivent être évaluées, d'après la longueur des lignes qui traversent aux points *B* la verticale. On peut encore juger de ces distances comparativement aux autres. L'obliquité de chaque ligne doit aussi être strictement observée, ainsi que l'ouverture de chaque angle.

On commencera par copier une composition d'angles, formée par deux ou trois angles, après laquelle on en copiera une plus compliquée, et ainsi de suite, jusqu'à ce qu'on ait acquis une certaine adresse dans ce travail.

Alors se termineront les études d'angles

Avant de passer aux études *de la char-pente sur la bosse ou sur tout autre modèle*, les élèves doivent être initiés au mécanisme des angles dans toutes les formes; figure, fleurs, ornements, paysages, animaux. Il faut aussi, indépendamment de cela, leur donner des règles générales de construction pour les charpentes. Dans ce but, un certain nombre de traits (fragments et entiers) doivent leur être donnés comme exercices.

Pour faciliter ces premiers exercices, et afin qu'il y reste avec l'extrême simplicité que demande le point de départ, quelque chose de la forme apparente, nous avons pris l'ensemble d'un profil, plutôt que l'ensemble d'une académie.

On se rappelle que notre premier but est de donner, au moyen de notre charpente de premier ordre, des principes faciles pour le placement de l'ensemble; que cette charpente, non-seulement ramène à l'état simple de quelques grandes lignes un sujet donné, soit figure, paysages, etc.... mais encore donne à ces quelques grandes lignes la forme unique de l'angle qui, vu les études précédentes, est très facile à copier et à apprécier. On doit se rappeler encore que nous avons posé en principe que la pre-

mière opération que l'on doit faire en copiant, est celle de déterminer le mouvement
général de l'objet, soit qu'il se penche à
droite ou à gauche, en avant ou en arrière :
nous allons développer l'application de ces
principes

Pour construire la
fig. 1, dont la fig. 2
n'est que la première
charpente, nous avons,
d'abord, tiré une ligne
verticale *A* qui doit
servir de comparaison
à la ligne du profil *DB*,

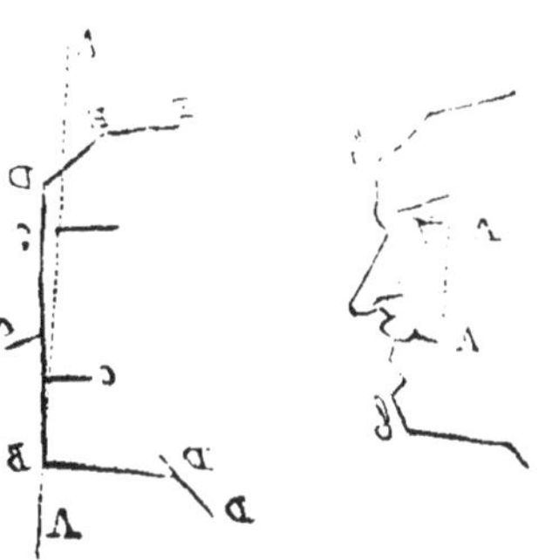

fig. 2, qui est oblique et part de la pointe
extrême *D*, fig. 1, du haut du front pour
aboutir à la pointe inférieure *B*, du bas du
menton. Cette ligne, qu'on devra désor-
mais tracer après la ligne verticale *A*, pour
quelqu'espèce de masque que ce soit, indique ici le mouvement de la figure dont le
haut se porte en avant. La ligne *D B*, fig. 2,
ainsi tracée, on tire du point *B* inférieur
une ligne qui est celle de la mâchoire. On
observe si cette ligne est oblique, quel est
son degré d'obliquité, ou si elle est horizontale, comme ici. Après avoir cherché
quel développement cette ligne du dessous

de la mâchoire inférieure, peut avoir comparativement à la hauteur DB du profil, on
en arrête la limite; ainsi elle peut être moitié, quart ou tiers moins grande que cette
ligne DB; ici, la ligne DB a un tiers de plus
qu'elle; la ligne du cou D se compare, en
longueur, avec celle du dessous de la mâchoire, et l'ouverture de l'angle, que forment ces deux lignes, donne l'obliquité de
la ligne du cou D. Pour le dessus de la
tête, DEE, les ouvertures d'angle et la
comparaison des longueurs de lignes suffi-
sent à la copie, de même que pour le bas,
dont nous venons de nous occuper. (Toutefois, comme la construction du bas de la
figure nous a paru, par rapport au développement et à la situation des lignes, plus
facile à faire comprendre, nous l'avons faite
avant le haut, ce qui est une faute, que la
nécessité d'être clair nous a forcé de com-
mettre : les copies doivent, autant que possible, être commencées par le haut.)

Après avoir ainsi dessiné, par grandes
lignes, la charpente de premier ordre du
profil, on s'occupe des détails qui appar-
tiennent à la charpente du second ordre.
On indique sur la ligne DB, par des points
e la hauteur de l'œil, du nez et de la bou-

che ; de ces points on trace , en dedans ou en dehors du profil, des lignes qui, la première, rentre en dedans pour l'œil, la seconde ressort pour le nez, et la troisième rentre pour la bouche. On arrête alors la longueur et l'étendue de chaque trait, en calculant, par exemple, la longueur de l'œil sur l'espace qui se trouve entre lui et la ligne du profil, la largeur du nez sur sa longueur, la longueur de la bouche sur la distance qui la sépare du nez. Le reste appartient à la copie exacte des angles.

Outre ce que nous venons de dire touchant l'ordre de cette construction par charpentes, nous parlerons, comme complément, d'un autre moyen que nous recommandons essentiellement soit dans la marche du travail, soit dans la preuve qu'on cherche de sa justesse quand il est achevé ; nous avons déjà eu occasion de parler de ce moyen.

Le placement des détails d'yeux, de nez, de bouche, etc., variant dans chaque figure, nous n'avons pas dit, comme dans les méthodes faites pour l'étude des natures idéales, le bas du nez doit toujours être placé à telle distance de l'œil... la bouche doit être de telle grandeur par rapport au nez , etc. ; l'étude du dessin peut avoir, et a aujourd'hui, généralement, un tout autre but que celui de nous rappeler le beau idéal du physique. Voici ce que nous proposons ici, les moyens de copier la nature, telle qu'elle est. Ces moyens généraux, appliqués à la variété immense des physionomies sont, à part l'observation des angles, de deux sortes : celle des longueurs de chaque détail comparées, et des distances qui se trouvent entre eux, comparées encore avec eux-mêmes (c'est avec l'aide de cette première sorte de moyens que nous avons indiqué les diverses hauteurs des détails sur la ligne du profil DB, et que nous avons ensuite limité la grandeur de chaque détail) ; et celle des rapports, par lignes verticales et horizontales. Nous avons déjà montré l'utilité de ce moyen dans la copie des composés d'angles et nous avons jugé à propos d'en faire ici le motif d'une observation particulière.

Les lignes verticales et horizontales doivent, dans l'imagination du dessinateur, croiser, pour ainsi dire, le modèle en tous sens. Ainsi, dans une figure verticale qui regarderait de face, ce serait une ligne horizontale qui traverserait les deux yeux

c'est dans la fig. 1 une ligne verticale qu
passant par le coin de la bouche *A*, traverse
le milieu de l'œil *A*, etc.

Nous avons indiqué le moyen de juger de
ces lignes de rapport à l'aide du porte-
crayon, lorsque nous avons parlé de la
construction des composés d'angles, fig. 21.

Dans la figure que nous venons de faire,
une seule ligne, la ligne *B*, nous a suffi
pour la première charpente du mouvement,

dans la fig. 3,
indépendam-
ment de cette
ligne *B*, fig. 4,
qui, partant du
haut du front
pour aller au
bas du menton,
indique le mou-
vement de la figure, nous aurons à former l'angle *BCB* qui va de la pointe du
front à la pointe du nez, et de celle-ci à la
pointe du menton. Resteront à faire les lignes du crâne et de la mâchoire inférieure,
qui limiteront, en haut et en bas, le profil, comme on l'a fait pour le précédent; on

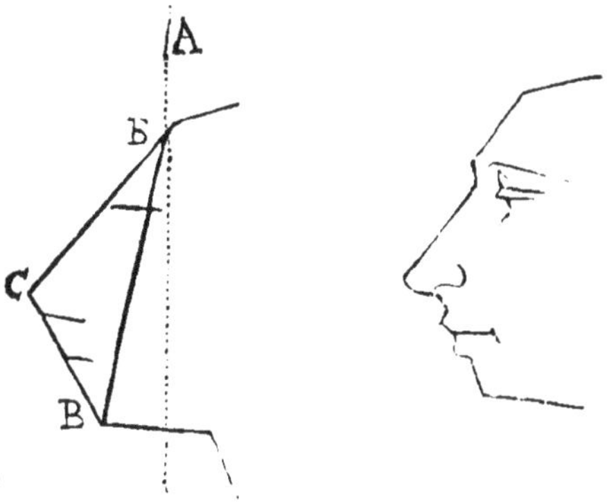

observera, de même, les angles que forment les parties entre elles.

L'angle *BCB*, fig. *4*, comme on le voit, sert à saisir le caractère dominant de la fig. 3, tandis que, dans la fig. 2, le caractère du profil étant droit, au lieu d'être anguleux, la seule ligne *B* a rempli deux fonctions : celle d'indiquer le mouvement de la figure, et celle de tracer le caractère dominant de cette figure.

Sur l'angle *BCB*, fig. *4*, devront être marquées alors les hauteurs de l'œil, du nez et de la bouche, et l'on en poursuivra la charpente de second ordre, comme on l'a fait pour le profil droit, fig. 1, en observant, de même qu'alors, les rapports des divers points par lignes verticales et horizontales.

Comme les charpentes doivent être cherchées dans les modèles sous les formes rondes qui les dissimulent, afin que les élèves s'habituent à leur recherche, on ne doit, dans ces exercices, leur présenter que des charpentes de second ordre, fig. 1 et 3; celles du premier doivent être trouvées, par eux, sous celles du second.

Avant de passer à une autre figure, nous dirons que, pour la charpente du second ordre, il faut partir du haut pour terminer par le bas. Cette manière ne peut plus être à redouter comme par l'ancienne méthode, où l'oubli des parties inférieures au profit des supérieures, occasionnent des erreurs à la fin. Ici, la première charpente étant faite, chaque place de détail est indiquée, au moins dans un sens, et nul danger d'aller de l'une à l'autre partie, sans plus de préoccupation.

Dorénavant, dans ces exercices, nous ne ferons que rappeler ce qui a été dit touchant la seconde charpente qui est invariable dans ses moyens, nous nous occuperons davantage de la charpente de premier ordre.

Pour les masques de trois quarts, les principes de construction ont un très grand rapport avec ceux de la fig. 3.

On voit qu'ici le sommet de l'os de la joue se trouve justement placé au sommet de l'angle (première charpente), cette saillie fait le caractère dominant de la figure.

La charpente de premier ordre achevée, comme on a achevé les précédentes, la hauteur des détails, au lieu d'être indiquée sur l'angle, devra l'être sur la ligne qu'on aura dû faire immédiatement après la verticale, ligne qui doit, comme nous l'avons dit, déterminer le mouvement de la figure. Ainsi se poursuivra la charpente de second ordre.

Pour la fig. 7, même travail; ici le haut de la figure, au lieu d'incliner en avant, comme dans la fig. précédente, incline en arrière. Ce n'est qu'une modification dans l'application du principe.

Nous reviendrons encore sur ceci, que notre première charpente, qui ne s'occupe que de grandes directions, doit indiquer, par ses grands angles simples, le premier caractère du motif.

Le placement des traits qui vient après, se fait toujours, comme nous l'avons dit, par la comparaison des distances et des longueurs de lignes, et par l'observation des rapports verticaux et horizontaux.

Si nous faisons maintenant le profil entier, *fig.* 9, la première ligne *B*, *fig.* 10,

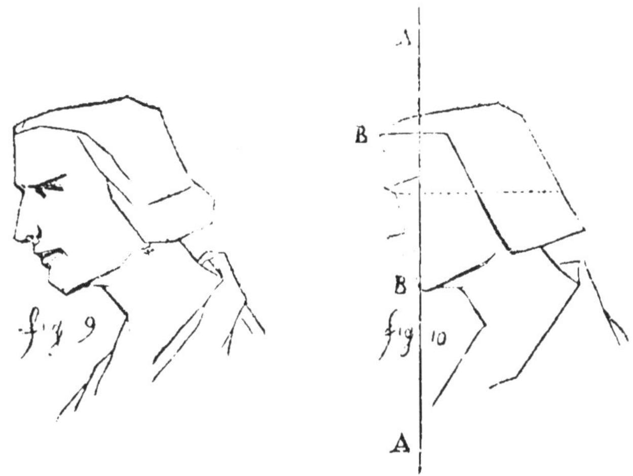

que nous nommerons ligne de direction du
profil, nous servira, par la comparaison de
la longueur avec la largeur de la tête, à
trouver cette largeur. Ainsi, cette largeur
est-elle, ou non, égale à cette ligne *B?*

Une fois qu'on aura trouvé cette largeur,
comparativement à la hauteur du profil,
on pointera le derrière de la tête. Quoique
la tête soit plus large dans le bas qu'au
milieu et en haut, il importe peu par quels
points cette ligne de largeur soit imaginée
passer, il suffit qu'on apprécie la différence

que cette largeur subit au haut et au bas de la tête. On dirige alors une ligne oblique qui, passant par le point qu'on vient de poser pour le derrière de la tête, va de haut en bas. Du sommet de cette ligne on en fait une ou plusieurs autres (le moins possible) qui va ou vont aboutir au sommet de la ligne de direction *B*, en observant la direction oblique ou horizontale du crâne. Le sommet du derrière de la tête dans la *fig.* 9, n'étant, ni plus ni moins élevé que le haut du front, cette direction est horizontale. On termine le bas de la chevelure en appréciant au niveau de quel point du visage la ligne du bas de cette chevelure correspond horizontalement. La largeur, la hauteur et la direction du cou et de la poitrine se font comparativement aux diverses hauteurs, largeurs et directions de la tête. Ainsi, les lignes du cou se dirigent-elles ou non dans le sens du derrière de la tête? Quelle hauteur ce cou a-t-il par rapport à la hauteur générale? Quelle largeur a-t-il par rapport à sa hauteur? Quels angles forment les lignes de la poitrine avec celles du cou? etc.

S'il se rencontre, dans la figure que l'on veut copier, des parties très détaillées, tels que les cheveux, par exemple, dans la fig. 11, ci-après.

Comme la charpente de premier ordre n'atteindrait pas son but d'ensemble, s'il fallait qu'elle s'étendît à tous les détails, on cherche quelles sont les saillies prédominantes de ces détails, et là, on place le sommet des angles, comme nous l'avons fait dans la *fig.* 12 *A*, qui est la première charpente de la *fig.* 11.

Il faut absolument, et au risque souvent de paraître s'éloigner du vrai, faire abstraction des détails et n'observer, autant que possible, que le sens dans lequel vont ces détails : le travail de charpente est un travail sérieux, et qu'on ne fait pas pour le montrer.

Ici s'arrêtent les exercices sur les détails

de figure. Pour ceux qui concernent le paysage, l'ornement et la fleur, la construction de la première charpente se résume à ces règles de direction, savoir : la hauteur comparée à la largeur, l'observation des angles et celle des distances et des rapports par lignes verticales et horizontales. Ainsi, pour le paysage,

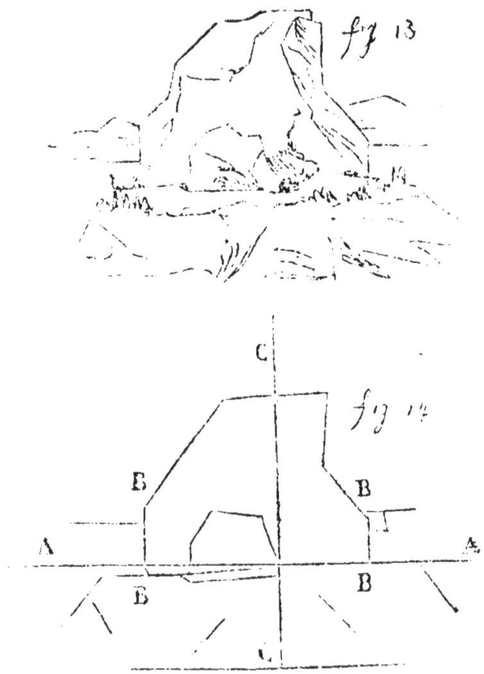

—lorsque c'est, comme ici, un fragment de rocher, il faut indiquer, d'abord, par une

ligne droite *A*, le terrain sur lequel repose le bloc; marquer sur cette ligne la largeur du bloc comparativement à ce qui reste d'espace autour de lui, puis élever des lignes *B* qui indiquent les deux côtés du corps, ensuite par une ligne *C* déterminer sa position verticale ou oblique. Reste la largeur du sommet, celle du milieu et des autres parties de la pierre, à comparer avec la largeur du bas : à l'aide de l'appréciation des angles on achève son travail.

Si c'est une branche d'arbre que l'on veut dessiner, on fait une ligne simple BB, qui

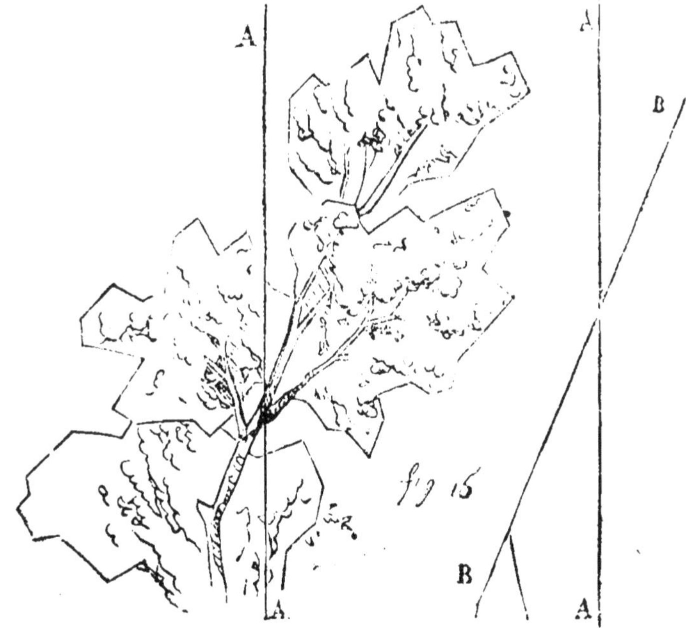

doit exprimer la pente de cette branche, on s'occupe des distances, des largeurs et des rapports des points, et il ne reste plus qu'à observer les angles.

Pour les fragments de fleurs, c'est (sauf

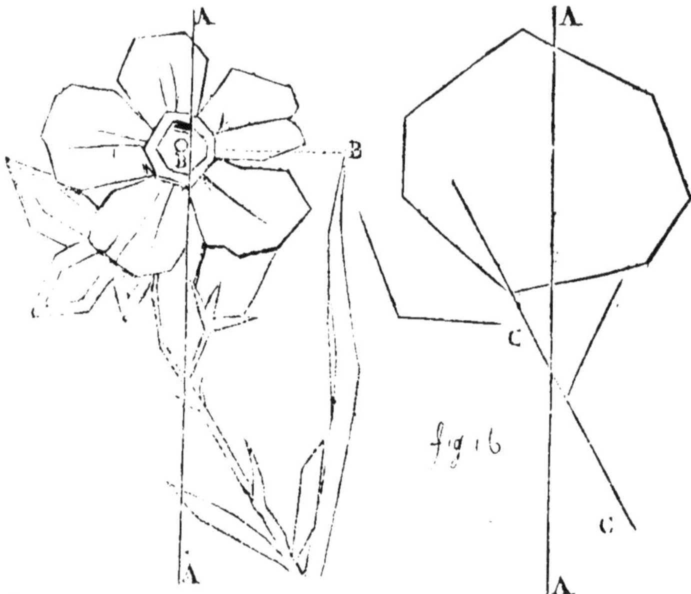

la différence d'objets), la même opération que pour la branche d'arbre. C'est une tige qui s'élance et dont il s'agit d'indiquer la pente, au moyen d'une ligne CC qui souvent doit se faire en plus d'une partie (le moins possible, toutefois). La largeur de la fleur que supporte cette tige, comparée à la hauteur de la tige, etc... les diverses autres parties proportionnées les unes aux autres; et toujours l'observation des distances, mises en comparaison avec les objets, et les rapports entre les divers points de ces objets par lignes verticales et horizontales; ainsi, le haut de la feuille *B* se trouve sur la ligne horizontale qui passe par le calice de la fleur *B*.

Pour l'ornement, comme notre charpente ne peut présider, avec les angles, qu'à la coupe et au mouvement des feuilles, et que les volutes ou les rinceaux ne peuvent lui obéir que comme dispositions de points, nous en traiterons dans les ensembles de ces exercices.

Quant aux animaux, sauf la disposition caractéristique des traits, dans chaque espèce, disposition qui nécessite des lignes différentes pour le mouvement de ces traits, ce sont à peu près les mêmes constructions que pour la figure humaine; l'angle de la physionomie de la *fig.* 4 doit être fait d'abord dans chaque animal (ici *B*), après la ligne verticale *A* toutefois.

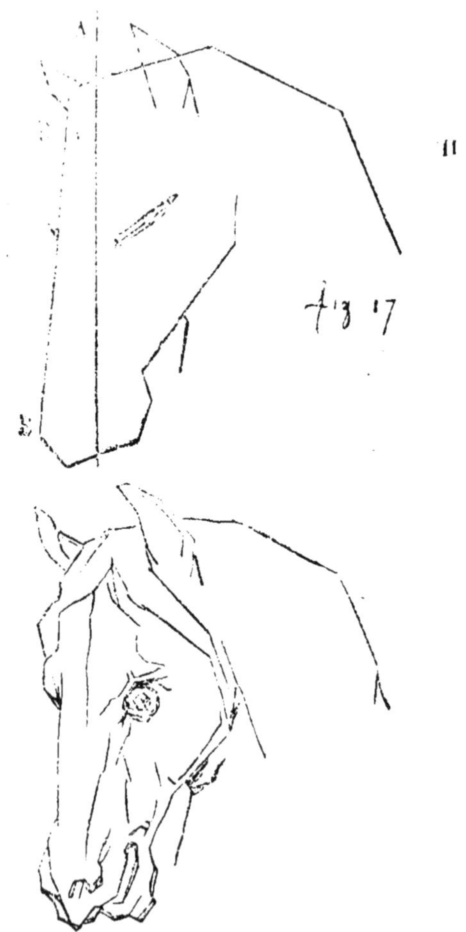

Le reste de la tête se fait comme les parties de la figure humaine, en observant les distances, les rapports par lignes verticales et horizontales, et les angles : les largeurs diverses doivent toujours être comparées aux hauteurs et aux longueurs, et chaque partie aux parties qui l'entourent.

Nous parlerons maintenant des entiers.

Pour la figure nous prendrons la Diane chasseresse.

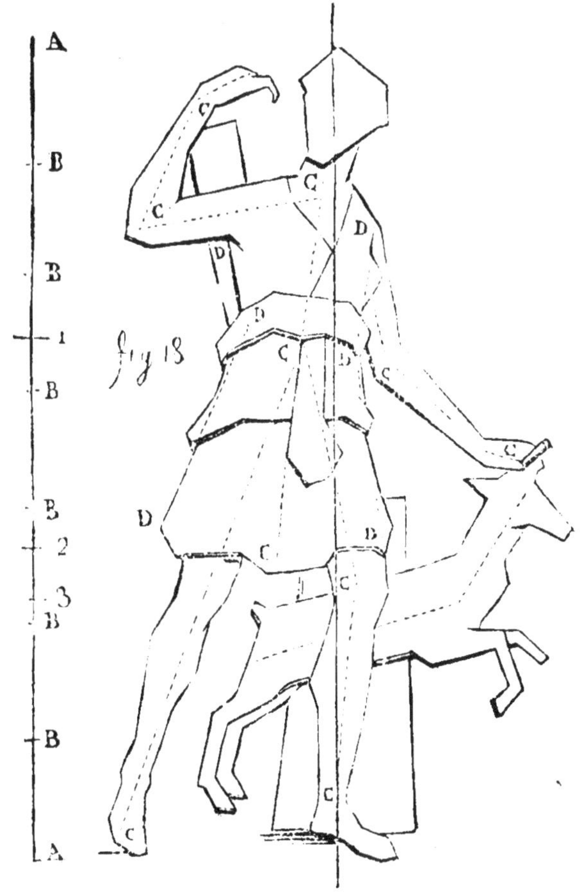

Nous avons dit, lorsque nous avons traité des compositions d'angles, qu'il est indispensable, pour mettre un objet en équilibre, en dessin, de se servir d'une ligne verticale, et nous avons renvoyé à la figure entière pour en démontrer la nécessité absolue. En effet, nous savons tous qu'un corps pesant ne peut rester debout si tout le poids de ce corps ne repose sur un point fixe de la terre, c'est-à-dire, si l'ensemble de ses parties n'est traversé par la ligne verticale qui part du point de la terre où il repose; pour peu qu'une des parties de ce corps pesant se soustraie au point d'appui, le corps chancelle et tombe. Ainsi, lorsqu'un homme, sans faire avancer ses pieds, avance son corps, il perd l'équilibre; il peut se replier cependant sans tomber, mais si les parties supérieures de son corps avancent d'un côté, les parties inférieures du torse avancent de l'autre et maintiennent cet équilibre; donc la ligne verticale traverse encore le centre de gravité du corps, et chacun des côtés de cette ligne est égal à l'autre.

Cette ligne verticale (qu'à part le paysage nous recommanderons avant tout autre travail) devra, dans la figure entière, passer

par la jambe sur laquelle la figure s'ap-
puiera ; si une draperie ou tout autre objet
cachait cette jambe, il faudrait la supposer.
Cette règle essentielle est fortement recommandée par Poussin, et trop négligée aujourd'hui par un grand nombre de professeurs.

Nous commencerons donc, pour copier
cette Diane, et comme premier travail de
charpente, par nous demander par quel
point du bas nous ferons passer la ligne
verticale *A*. Dans cette figure le point d'appui du corps est partagé, mais il ne l'est
pas également, et l'une des jambes, celle
de derrière, ne fait qu'office d'étai ; celle
sur laquelle repose réellement le corps, est
celle qui, comme le corps, se dirige en
avant. Nous ferons donc passer la ligne
verticale par le milieu de cette dernière,
tandis que, si nous eussions eu à copier
un homme qui, debout et s'apprêtant à un
choc (comme un lutteur, par exemple), se
serait tenu bien ferme sur ses deux jambes,
nous eussions fait passer la ligne verticale,
non par l'une d'elles, mais au milieu de l'espace qui les séparerait ; parce que le poids
du corps se serait reposé également sur
chacune.

Revenons à la Diane.

Cette ligne verticale *A*, qui sert à mettre en rapport d'équilibre les parties supérieures avec la jambe gauche, qui est leur principal appui ; nous la placerons à peu près au milieu de notre tableau, sur lequel nous n'avons encore rien tracé. Nous remarquerons les points par lesquels nous aurons imaginé que cette ligne passe dans le modèle, afin d'y faire passer, plus tard, les mêmes points dans notre copie. (Pour trouver cette ligne verticale dans le modèle, on se servira du porte-crayon, comme nous l'avons indiqué dans les exercices précédents.)

Cette ligne faite, nous considérerons notre modèle, afin de rechercher combien la tête doit être contenue de fois dans la statue entière. Nous diviserons alors notre ligne verticale *A* en autant de fois *B* que nous aurons trouvé de têtes dans toute la longueur du modèle, et nous arrêterons en haut et en bas la longueur que devra avoir notre copie ; dans la première partie supérieure nous placerons la tête, en observant si dans le modèle cette ligne passe ou non au milieu de la tête, et quel est le côté le plus large. Pour cette tête, nous nous conenterons de rappeler les constructions de première charpente que nous avons déjà faites pour les figures, qui, comme celle-ci, sont de trois quarts ; en insistant, toutefois, sur ceci, que la ligne de direction du profil doit être faite la première et qu'elle doit servir de comparaison à la largeur de la tête.

Cette tête faite, il s'agit d'indiquer par les points, sur la ligne verticale, la hauteur de la ceinture 1, celle du bas de la tunique 2, celle des genoux 3 ; afin que la ceinture, le bas de la tunique et les genoux aient leurs hauteurs proportionnelles comme la tête ; on partage alors le torse dans toute sa longueur par une ligne simple, C, qui en suit le mouvement et en indique l'inclinaison.

Cette ligne (que l'on devra voir traversant le corps du modèle comme si elle y était réellement tracée, c'est-à-dire que les différents points par lesquels on aura imaginé qu'elle doit passer, seront constamment présents à la mémoire et à l'œil.) Cette ligne C, disons-nous, devra être jugée comme éloignée de tant.... de la ligne verticale qu'en imagination on verra toujours traversant le modèle, et l'on devra

aussi comparer l'inclinaison de cette ligne à
la ligne verticale.

Il s'agira, la ligne C une fois faite, d'é-
valuer la largeur du torse par rapport à sa
hauteur, et de placer cette largeur à droite et
à gauche de la ligne intérieure C. Les deux
points de largeur posés de chaque côté, on y
fait passer les lignes extérieures du torse, en
observant qu'elles forment toutes les deux
chacune avec elle-même un angle obtus D,
dont les deux sommets se trouvent sur la
ligne de la ceinture qui a servi à prendre la
largeur. Les branches de ces angles se trouvent dirigées, les plus longues vers le bas,
et les plus courtes vers le haut, jusque sous
les bras; (l'écharpe, qui ceint le corps, sera
faite en dernier lieu) : on arrête alors le bas
de la tunique par une ligne horizontale,
qui passe par le point 2 déjà posé sur la
verticale A pour indiquer la hauteur du bas
de la tunique.

La tête et le torse ainsi placés, nous
passons aux bras.

Les lignes intérieures C, que nous avons
indiquées par des points, passant au milieu
de chaque partie, doivent toujours être
faites les premières, comme la ligne de
direction, dans les exercices sur les profils

et les trois quarts. Commençons par le bras droit. Sa ligne intérieure, en la poursuivant, doit aller toucher la ligne verticale *A*, près du menton : l'obliquité de cette ligne doit être particulièrement observée, ainsi que l'angle qu'elle forme avec le côté droit du torse. C'est là qu'est la justesse de direction du bras. Cette ligne intérieure faite, on passe aux lignes extérieures qui forment des angles avec les parties extérieures qui les entourent, comme celle du cou et celle du torse ; la ligne intérieure de l'avant-bras fait un angle aigu avec celle du bras, et un angle obtus avec celle de la main. Les lignes extérieures se font toujours de même que celle du bras et du torse, en calculant la largeur par la hauteur. Le bras gauche se fait de la même manière : la ligne intérieure d'abord, qui touche à la ligne extérieure gauche de la tête, à peu près à un tiers de cette ligne et forme avec elle un angle aigu : quant aux jambes auxquelles on passe ensuite, les lignes intérieures s'en attachent au point 1 de la ceinture ou passe la ligne intérieure du torse, et forment un angle aigu ; après avoir tracé leurs lignes intérieures, on détermine leurs lignes extérieures comme celle du torse et des bras.

Ces principes, quoiqu'on puisse être forcé de les modifier dans certains sujets, devront désormais être appliqués dans la construction de quelque première charpente de figure entière que ce soit. L'observation des angles venant en aide, il ne doit plus y avoir pour l'élève d'indécision. Nous reviendrons, du reste, encore une fois sur l'application de ces principes, à l'article charpentes.

Passons au paysage.

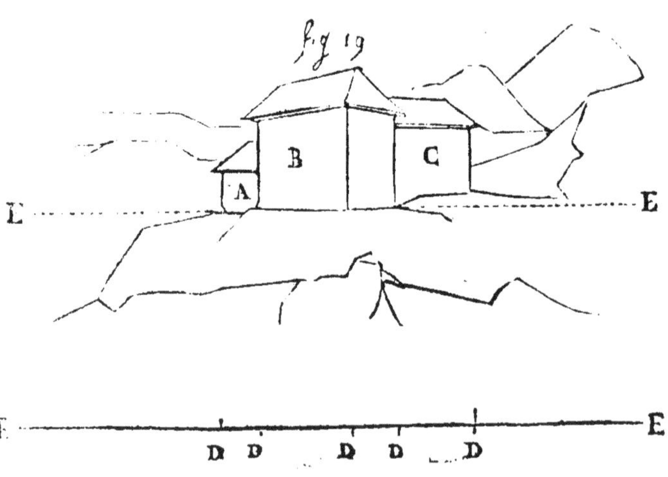

Ici les lois de construction d'ensemble sont bien moins difficiles que pour la figure.

Les élévations du premier plan sont les démarcations naturelles des hauteurs des autres plans ; la ligne horizontale joue un rôle immense et les trois quarts des lignes obliques tendent à la ligne horizontale. La largeur et la hauteur des diverses parties des premiers plans s'échelonnent encore sur les derniers, et l'un ne peut pas être mal placé, sans que l'autre le dise. Il suffit d'avoir une manière certaine de commencer. La comparaison des hauteurs aux largeurs et l'observation des angles, sont presque des règles suffisantes.

Dans le paysage que l'on copie, il y a toujours un motif principal ; que ce motif soit une maison, un groupe d'arbres ou une montagne, il y a toujours un plan, soit incliné, soit horizontal, sur lequel il repose. Prenons comme exemple le paysage *fig.* 19.

Le plan sur lequel repose ce groupe de maisons va dans un sens horizontal.

C'est lui qui doit d'abord être indiqué par une ligne simple ; et non-seulement il faut le tracer dans toute sa longueur, mais encore le poursuivre de chaque côté comme *E* jusqu'au bord du tableau, de manière qu'on puisse calculer l'espace qu'occupe en largeur le groupe, comparativement à ce qui reste de chaque côté.

Sur ce plan, que l'élève serait obligé de faire d'abord, il marquerait, par des points *D*, l'endroit où viennent aboutir les lignes verticales de chacun des côtés du groupe, après avoir proportionné à la largeur de ce groupe l'espace qui devrait être réservé de chaque côté. Puis il diviserait cette première largeur en autant d'autres largeurs qu'il y a de maisons ; de sorte qu'il y en aurait une pour le petit hangar *A*, une pour la maison principale *B*, et une autre pour la maison secondaire *C*. Ceci fait, il aurait ces questions à résoudre, la hauteur de la maison principale *B*, équivaut-elle ou non à sa largeur? Quel rapport y a-t-il entre les hauteurs des maisons, des montagnes, des plans qui l'entourent?—le reste appartient à la copie exacte des angles.

Nous expérimenterons sur une disposition différente de paysage, quand nous parlerons des charpentes sur modèles.

Fleurs. Quoique, pour les motifs composés, ou bouquets, la construction doit être la même, en principe, que pour les motifs

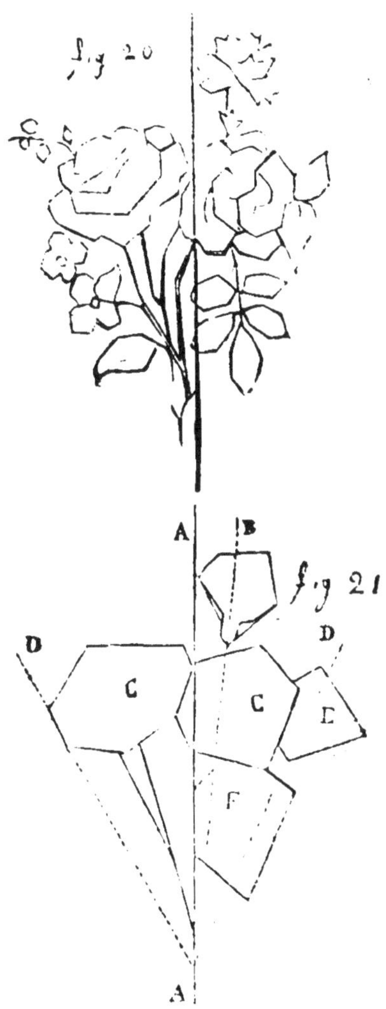

simples ou fragments. Nous nous étendrons
plus sur ce principe, que nous ne l'avons

fait plus haut pour les fragments. La copie de tout objet élevé, c'est-à-dire plus haut que large, comme la figure humaine, doit être commencée par la ligne verticale *A*. Le paysage, au contraire, se commence toujours par la ligne horizontale. Cette ligne verticale *A, fig.* 21, que l'on trace sur le tableau avant toute autre chose, nous devons la tracer aussi, d'abord pour construire un bouquet. Du bas de la ligne *A* où se trouve le pied du bouquet, on fait partir une autre ligne *B* oblique, qui doit, en se dirigeant dans le sens général du bouquet, indiquer son inclinaison ; on marque alors sur l'une et l'autre de ces deux lignes, la hauteur où se trouvent les motifs les plus apparents, comme les deux roses *cc*, en observant combien ces deux roses pourraient être contenues de fois dans ce qui reste des deux lignes *AA* et *AB* en haut et en bas. On compare alors leur hauteur avec leur largeur, de manière à les faire selon le modèle, applaties ou longues. Par les points de largeur et de hauteur, on fait passer leurs lignes de contours par de grands angles, de manière à saisir l'originalité de leur aspect. On observe que tout le bouquet pourrait être encadré dans un angle aigu *DAD*. Cela fait, on s'occupe des détails dont on compare les distances, les formes et les rapports verticaux et horizontaux aux deux roses *cc*, puis on procède à la charpente première de ces détails, par exemple, aux masses de feuilles de roses *EE*, etc. Les divers détails de feuilles, de pétales ou de tiges, viennent ensuite, cela rentre dans la copie toute simple des angles, ou charpente du second ordre.

En ornement, le caractère des motifs

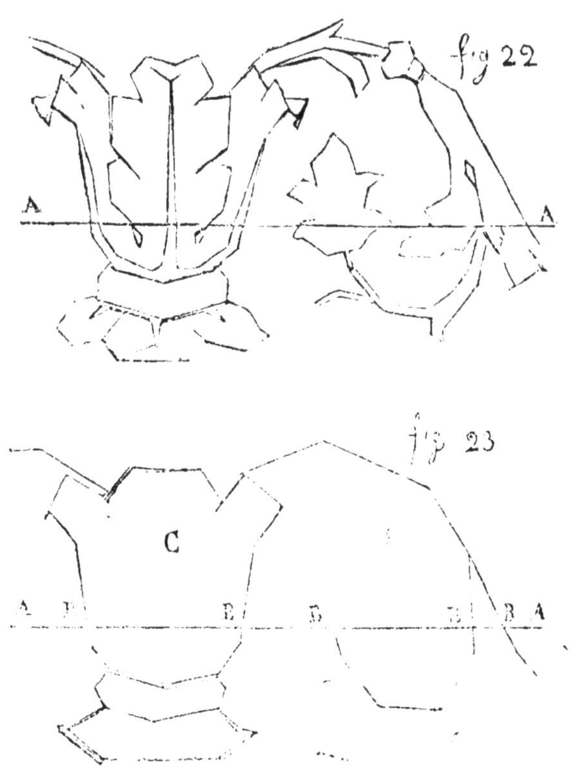

peut varier d'une manière frappante. Pour
ce qui est de la structure des feuilles ou de
tout autre objet isolé, nous renvoyons aux
études de la charpente sur les modèles en
relief. Voyons les compositions d'ornements,
où se trouvent réunis à des parties plus
massives, les rinceaux, les arabesques, etc.
Si l'objet est élevé, il faut le traverser par
une ligne verticale ; s'il est couché, il faut
une horizontale, on se le rappelle. Or, dans
la *fig.* 22, il est couché. La ligne *A* doit donc
être horizontale.

Comme, dans le paysage, il faut pointer
sur cette ligne la rencontre de chaque objet en largeur comme *B :* les largeurs et
les distances déterminées, il faut commencer par former l'objet le plus apparent, ici
le culot *C*. On compare sa hauteur à sa largeur, et l'on pointe cette hauteur au-dessus
et au-dessous de la ligne horizontale. Par
ces points on fait passer les lignes de la
base et du sommet, puis les lignes des côtés, en observant la forme et l'ouverture
des angles que donnent les saillies du modèle. On s'occupe ensuite des rinceaux dont
les distances (en largeur) ont été pointées *B*
sur l'horizontale *A*. Pour le sommet des
angles, dans ces courbes, on le place le

plus possible là où la courbe change de direction. Ce travail d'angle (étrange peut-être pour les courbes) nous le justifierons plus loin. Nous dirons seulement ici qu'il facilite le jugement et l'appréciation sur les distances et les pentes, en même temps qu'il indique le changement de direction des courbes.

Les exercices faits, lorsque l'élève a bien compris que le jeu des mouvements, la cause intérieure des formes, dépendent essentiellement de l'ouverture et de la position des angles ; quand, de plus, il est convaincu que la manière de procéder par charpente est simple et rationnelle, et que, puisque le sculpteur taille premièrement dans son bloc, les premières masses, pour aller successivement aux détails ; puisque l'architecte, avant de faire sculpter un fronton, fait poser la masse triangulaire du fronton, il doit y avoir une certaine raison en dessin de procéder ainsi ; alors et pour compléter la pensée d'initiation, on fait faire à l'élève, sur des dessins, statuettes ou tout autre modèle, l'application de la charpente, et on lui fait expliquer tout haut la manière dont il comprendrait charpenter sa copie. Nous recommandons ce dernier exercice.

Vient alors l'étude de la charpente sur modèles, divisée en premier et second ordre.

CHARPENTE DE PREMIER ORDRE.

Dès que nous avons parlé des études de la charpente, on a dû penser que, comme Jacotot, nous voulions suivre l'instinct ; pour guider l'enfant sur le chemin où l'a mis la nature, pour appliquer son mouvement instinctif, nous serons obligés de le porter à la charpente du premier ordre. L'enfant qui tient un charbon pour la première fois, qui a pour la première fois l'idée du dessin et un mur à sa disposition, avec cinq lignes droites surmontées d'un cercle, s'amuse à faire des bonshommes ; il fait des chevaux, des maisons, comme cela ; et, sans s'en douter, il justifie la construction de tout ce qu'il y a dans l'univers. Sans s'en douter il est dans le vrai ; le maître seul, qui ne sait pas saisir et développer ce germe, se trompe quand il le fait changer de route. Voilà pour le commencement. Jetterons-nous les yeux sur la fin ? Que se propose-t-il, cet enfant, comme but d'avenir, lorsqu'il est entre les mains du maître? Est-ce la copie incohérente de nez, d'yeux, de bouches, de branches, de feuilles? Son but bien arrêté, celui auquel tendent tous ses désirs, celui qui anime toutes ses espérances, non, ce n'est pas celui-là! Il rêve une statue, un paysage. Pourquoi donc, sans ménagement pour ses facultés si frêles, allez-vous le faire mourir à petit feu sur les études rétrécies et difficiles des détails par courbes? Pourquoi donc rendre, à force de sueur et de temps, son intelligence et sa manière à jamais timorées et étroites? Ces études de détails, n'y a-t-il pas moyen de les réserver pour une époque où elles soient plus attrayantes et mieux comprises? Nous le croyons fermement. Ainsi, les entiers seront nos modèles; autant que possible, les reliefs, le plâtre tel que le mouleur l'a fait; et, sur ces modèles nous indiquerons aux élèves, dans le mouvement général, la charpente du premier ordre; et dans les formes de détail, celle du second.

Pour la charpente de premier ordre, quand la verticale est tracée, comme nous l'avons dit, par l'observation des angles qu'elle forme avec les lignes intérieures de l'objet, on doit d'abord déterminer le mouvement général, incliné à droite ou à gauche de cette verticale, au-dessus ou au-dessous de l'horizontale; on passe ensuite aux parties secondaires, dont on indique de même les mouvements particuliers, par les angles que forment leurs lignes intérieures avec celles de la partie principale.

Nous allons revenir sur des démonstrations qui, pour la figure surtout, ne diffèrent que peu de celles que nous avons faites précédemment sur la Diane; les modèles, en général, varient trop, pour ne pas y asseoir nos principes sur plusieurs épreuves. Il y a cent modeles et le même peut se transformer plusieurs fois selon l'aspect sous lequel on le regarde.

Nous prendrons cette fois le faune danseur pour sujet. (V. la *pl.* 1 de l'album.) On se rappelle que nous recommandons la ligne verticale comme premier objet dont on doive s'occuper, que cette ligne doit passer par le point sur lequel repose le poids du corps. Cette ligne *A* faite, il faut s'assurer combien la tête peut être contenue de fois dans l'académie entière; puis diviser la ligne verticale qu'on aura d'abord tracée sur son tableau, en autant de fois *B* qu'on aura trouvé de tête dans le modèle; la tête doit occuper la première de ses parties. Si elle se trouve a côté de la ligne verticale comme on le voit dans cette figure, on en reportera la longueur par deux lignes au point où cette tête doit être. (Opération très-simple, dont Cousin s'est constamment servi dans sa Méthode sur les raccourcis.) Pour la tête, on n'a pas oublié la construction que nous en avons faite dans les exercices (*fig.* 9); la ligne de direction *e* qui va du haut du front jusqu'au bas du menton, en indiquant la pente du visage, doit servir, par comparaison, à trouver la largeur de la tête (Voir la *fig.* 9, exercices.); le reste, comme contours, tombe dans le domaine de l'observation des lignes qui sont verticales, ou horizontales, ou obliques (comme celles des deux côtés de la tête, et celle du niveau des cheveux), et dans l'observation de l'ouverture des angles; l'essentiel dans cette première charpente de la tête, est que la hauteur soit proportionnée à la largeur. Nous passons de la tête au torse, dont nous faisons d'abord la ligne intérieure *c*, cette ligne, que nous avons brisée à l'endroit du corps où la figure commence à s'incliner en avant, forme un angle obtus. La ligne verticale qui

passe au bas du torse 1, où la ligne intérieure *c* vient aboutir, aide à évaluer les directions de cette dernière; ainsi, le sommet de l'angle est à gauche de la ligne verticale, à une certaine distance de cette ligne, et le haut de la ligne supérieure de
l'angle va à droite aboutir à la jonction des
clavicules à une distance de... de la ligne
verticale. Il nous reste à faire les lignes extérieures de ce torse, et à calculer, pour
cela, sa largeur par rapport à la longueur
générale de l'académie, à reporter moitié
de cette largeur à droite et à gauche de la
ligne intérieure en l'y fixant par des points,
puis à faire passer les lignes extérieures par
ces points. Celle de droite, par exemple,
va presque verticalement du bras droit à la
cuisse droite, et celle de gauche forme un
angle obtus dont la plus longue branche
descend jusqu'à la partie protubérante 4 de
de la cuisse gauche; l'angle des aines 2, 1, 2,
qui est un angle aigu, termine le bas du
torse. Nous en sommes au bras; voyons celui de droite, dont la ligne intérieure, qui
est une oblique presque horizontale, vient
aboutir à la ligne verticale presque au milieu
de la première hauteur de tête, en laissant
la partie la plus grande de cette hauteur au-

dessus; la ligne intérieure de l'avant-bras fait un angle aigu avec le haut du bras, et un angle obtus avec la ligne intérieure de la main. Le raccourci de l'avant-bras se trouve dans la longueur proportionnelle de chaque branche de l'angle. Ainsi, la ligne de de l'avant-bras est beaucoup plus courte que celles de la main et du bras. Les largeurs de ces diverses parties se calculent toujours sur leur longueur. Ainsi, la main a en largeur moitié de sa longueur. etc. Voyons le bras gauche : la ligne intérieure va aboutir à un point de la ligne de direction de la tête. Les angles que forme cette ligne intérieure sont obtus avec eux-mêmes, et aigus avec le haut de la ligne extérieure gauche du torse. Les lignes extérieures se font, comme celles du bras droit, après en avoir trouvé la largeur dans les diverses parties de ce bras.

Répétons ici, quoique nous l'ayons déjà fait plusieurs fois, qu'il est une observation essentielle à faire, observation qui contribue puissamment à bien établir le placement; ce sont les rapports verticaux et horizontaux des divers points. Ainsi, ici le point **3**, où se joignent les lignes extérieures du bras et du torse, se trouve sur

la ligne verticale qui passe par le sommet
4 de la cuisse gauche, le point 5 de la ceinture se trouve sur la ligne horizontale qui
passe par le point 6 de l'articulation du
bras. Nous avons déjà parlé plusieurs fois
de la nécessité d'observer les rapports;
nous persistons à en faire un objet de remarque.

Il nous reste à parler des jambes. Les
lignes intérieures y viennent s'attacher à
l'angle 2, 1, 2 à une distance à peu près
égale du sommet de cet angle. La ligne intérieure de la jambe droite fait un angle
obtus avec la ligne intérieure de la cuisse,
qui est plus grande que l'autre. Les lignes
extérieures se font par le même procédé
que celles des autres parties, calculant toujours la largeur par la longueur. La jambe
gauche, qui supporte le corps, et qui est
celle par laquelle passe la ligne verticale,
doit être traversée dans toute sa longueur
par une seule ligne intérieure, parce que
cette jambe est tendue et n'a aucun mouvement. Cette ligne intérieure, qui coupe
la ligne verticale à la base du talon, fait un
angle très aigu avec cette dernière; l'appréciation d'ouverture de l'angle est facile une
fois qu'on est convenu des points par où

doit passer la ligne verticale, et il faut l'y rappeler constamment. Il arrive quelquefois que la ligne intérieure ne partage pas le motif par le milieu dans toute son étendue, comme on le voit par cette jambe; alors on remarque, pour l'exactitude des lignes extérieures, de combien ces lignes sont plus ou moins éloignées de la ligne intérieure. Pour les diverses largeurs toujours même opération mathématique ; tant de longueur sur tant de largeur.

Avant de laisser la première charpente de la figure, nous reviendrons encore sur l'utilité de la ligne verticale que l'on doit faire de prime abord, non-seulement pour mettre l'académie d'aplomb, en observant par quels points passe cette ligne, ou à quelle distance elle se trouve d'autres points, comme ici de la tête; mais encore pour vérifier l'exactitude de hauteur de chacun de ces points. Nous avons dit plus haut de quelle importance sont les lignes verticales ou horizontales pour les rapports. Nous dirons encore, pour terminer, que le nombre de ces lignes (que l'on imagine toujours) est indéterminé et nombreux, et qu'on peut en voir plus ou moins, selon qu'on est plus ou moins disposé à les chercher.

Ici nous renvoyons à la même figure de la charpente du second ordre (*pl.* 2), afin qu'il demeure clair, par la comparaison, que, dans la première charpente, il ne faut voir aucun détail, mais seulement les grandes directions sur lesquelles ces détails se placent. L'œil embrasse d'autant mieux l'ensemble de l'ouvrage, qu'il le voit plus simplement ; de là résulte aussi la justesse du travail. Ces grandes charpentes ne fatiguent pas l'esprit par une tension longue, elles coûtent moins à effacer, et elles mènent l'élève à la composition entendue et simple de plusieurs objets ayant un but commun : c'est le rationnel que doit avoir l'artiste qui compose son tableau.

Nous rappelons qu'outre les données de construction qui précèdent, l'élève a dû premièrement être habitué à l'appréciation des angles, et que, quand il est arrivé au point où nous en sommes, il doit être habitué *au travail unique* (des angles).

Prenons maintenant un paysage. (Voir *pl.* 3 et 4.) Dans les démonstrations qui ont précédé celle-ci, nous avons parlé de la construction de paysages dont le motif principal se trouverait au milieu. Pour que les deux seules dispositions dont on puisse se servir subissent notre épreuve, nous allons opérer sur une composition toute différente de la première.

Ici, point de motif principal au milieu : deux motifs, l'un à droite, l'autre à gauche, et point de terrain plan, point de plan commun. Il faut user, alors, pour trouver la place qu'occupe en largeur chacun des motifs, du moyen que nous avons indiqué plus haut dans nos démonstrations; se servir d'une ligne horizontale qui doit traverser l'objet dans toute sa longueur comme la ligne A, marquer par des points le bout du terrain B; les autres points C, D, E, F, etc., etc., en les poursuivant de l'œil jusqu'à la ligne A que l'on s'est d'abord figurée traversant le modèle. Les principaux points du paysage une fois indiqués sur cette ligne, soit en abaissant, soit en élevant ces points, comme E et D, nous laisserons ce travail pour en reprendre un autre, celui de l'élévation des objets. Nous nous occuperons d'abord du motif qui est à gauche, l'arbre g. Nous ne demanderons qu'une ligne simple qui le traverse tout entier, et en détermine la pente; cette ligne $g E$ formera deux angles, l'un très aigu avec elle-même, en suivant le mouvement du tronc qu'elle doit traverser et dont la partie supérieure va dans un autre sens que la partie inférieure ; l'autre avec la ligne horizontale A ; cette ligne intérieure, convenablement tracée, il s'agira de comparer sa longueur avec la ligne A, pour limiter le faîte de l'arbre, puis connaître, dans ses diverses parties, la largeur du tronc. Ce dernier travail, on doit le comprendre, est identiquement le même que celui qu'on a fait pour les divers membres de l'académie par rapport au tronc. Ceci fait (l'arbre n'est encore que squelette comme en hiver, car les branches n'ont pas dû être interrompues à l'endroit du feuillage, afin qu'elles s'emmanchent bien), on pose le massif du feuillage à sa hauteur, et avec la largeur proportionnelle qu'il doit avoir ; puis on calcule la longueur par rapport à cette largeur, on passe alors au terrain d'où sort cet arbre, et l'on en établit l'inclinaison d'après l'angle qu'il forme, en général, avec l'arbre.

Il serait oiseux de descendre aux détails du terrain, ce sont des opérations secondaires qui se résument à l'observation des angles et des rapports par lignes verticales et horizontales.

Passons au massif opposé. Ici tout se groupe et se resserre, de manière à former un ensemble compacte ; c'est tout le contraire du côté que nous venons de voir. A partir du point 2 indiqué d'abord sur la ligne *A*, il faut faire monter une ligne verticale que l'on arrête au toit, à une hauteur calculée sur la longueur de la ligne *A* 2. On observe alors l'espèce d'angle que forme le dessous du toit avec la ligne 2 ; l'observation juste de cet angle est essentielle à la perspective. On cherche ensuite la largeur de cette maison, par rapport à la ligne 2, si l'on n'a pas pointé cette largeur sur la ligne *A* dans la première opération. Le sommet du toit *H* se calcule comme élévation, sur la longueur qui se trouve entre 2 et *H*. Si l'on considère que la ligne *H* équivaut à la ligne de dessous du toit *H* 2, on aura la hauteur du sommet. Il ne s'agira plus que de faire descendre du haut du point *H* le profil de ce toit ; l'appréciation exacte de l'angle obtus formant cette ligne avec l'arrête du toit, suffira pour en rendre les pentes justes. Pour ce qui est de l'arbre *ZI*, on en indique, comme du premier, la direction par une ligne simple qu'on fait toucher au point *I* sur la ligne *E* ; la hauteur de l'arbre doit être comparée à celle de la maison. On fait alors les troncs et on les habille de leur feuillage comme on a fait du premier. Pour le terrain sur lequel repose le groupe, nous renverrons encore au premier. Quant aux détails du fond on en établit les différentes hauteurs comparativement à ce qui les entoure. Les lignes du chemin que l'on voit serpenter forment des angles dont les sommets doivent être appréciés rigoureusement comme points de rapports en largeur, et comme distances entre la ligne A en hauteur.

Nous nous arrêterons ici pour le paysage : chaque élève, d'ailleurs, n'est pas tenu d'achever comme son voisin ; au contraire, ils doivent être libres ; les mener de point en point, serait les appliquer à un travail trop mécanique Encore une fois, l'observation des angles et des directions simples.

Pour ce qui est de la charpente du second ordre. nous renvoyons tout simplement à la planche 5, dont l'explication serait oiseuse.

Occupons-nous de l'ornement.

La pente en général, ici (Voir la *pl.* 5) ne saurait être mieux indiquée que par la nervure : et chaque partie de feuille a la sienne. La première opération est donc de tracer ces nervures le plus simplement possible.

On s'étonnera peut-être que nous fassions briser des lignes qui sont exactement courbes dans leur état parfait; mais, si l'on considère bien la nature de la courbe, on verra que, là où nous avons placé un sommet d'angle, la courbe change de direction; et la preuve la plus forte à en donner, c'est qu'en dissimulant quelque peu la pointe de cet angle, on retrouve la courbe presque exacte. Notre pensée étant, en général, de faire rechercher à nos élèves le caractère particulier des lignes, nous avons dû faire ces nervures brisées; car, si cette nervure principale A, par exemple, suit en courbe le mouvement indiqué en lignes droites, l'élève, en la dessinant sans ligne droite, peut l'enfler plus ou moins en général, ou dans l'une de ses parties, tandis que ces lignes droites sont un calcul simple des directions. Que reste-t-il à faire après avoir retranché la pointe du sommet des angles? Une courbe qui ne doit s'éloigner de la ligne droite que de tant..... La nervure principale étant placée par rapport à la hauteur générale, on doit calculer la largeur du motif. Ensuite, de l'extrémité supérieure au bas, il n'y a plus que quelques angles B à faire pour encadrer le sujet. Sur ces lignes simples, on ouvre de nouveaux angles *C* pour entailler, dans la première masse, les masses particulières de feuilles. Sur ces premières masses existent encore d'autres entailles *D* pour chaque petite feuille. L'opération répétée, il s'ensuit que cette charpente progressive amène aisément de l'ensemble au détail. Nous avons confondu ici celle du premier et du second ordre.

Nous rappelons pour les fleurs (Voir *pl.* 6), que, la verticale tracée, il s'agit de placer par une ligne simple la tige et d'en indiquer la relation avec chaque détail supérieur (boutons ou feuilles); puis, de calculer la hauteur de la fleur principale, d'en marquer la partie supérieure et la base par deux lignes. Ensuite pour la largeur, la déduire de la hauteur; après toutefois avoir, par une ligne traversant le motif dans sa largeur, précisé s'il se penche ou non. Les saillies prédominantes doivent servir de sommets aux angles formés par les lignes extérieures qui l'encadrent.

Nous renvoyons du reste à la construction dans les exercices. *Fig.* 20 et 21, p. 67.

Voici donc, touchant l'étude des angles, dont l'unité ne s'est pas encore démentie, qu'avec quelques grandes lignes simples nous avons placé notre charpente par les directions, de manière à ce que l'agencement des détails qui viennent ensuite, soit parfait. Ce sont de grands traits, dont les proportions uniques sont appréciables; c'est ce qui, dans telle ou telle physionomie porte une expression particulière, coïncidant avec la physionomie d'objets plus ou moins frappants; c'est ce qui fit naître chez Lavater l'idée que la coïncidence des types entre les hommes et les animaux pouvait exister entre leurs aptitudes; c'est par conséquent, en quelque sorte, l'intelligence ou l'intention sténographiée. Nous sommes arrivés à la charpente du second ordre ou charpente qui sert à rendre les détails.

CHARPENTE DU SECOND ORDRE.

Nous n'avons que peu de chose à dire sur cette partie, complément de la première, dont le mouvement faisait généralement toute la difficulté. Ici le travail est aisé, calme; il n'a besoin que d'une suite d'observations pour les angles : c'est un travail limité, et le premier ne l'était pas. S'il est question d'une académie, ce sont les lignes sur lesquelles doivent être posés les yeux, le nez, la bouche; c'est l'angle simple du sourcil avec le nez; celui du nez en lui-même : tous angles qui, selon qu'ils seront resserrés ou détendus, donneront des expressions différentes. Dans le reste, c'est la physionomie anguleuse des muscles sur le profil ou à l'intérieur et les contours de toutes les épaisseurs. Ce travail, dont le chemin est tracé, va d'ailleurs successivement, comme le premier, des parties principales à celles qui en dépendent. Pour le paysage, ce sont les masses particulières du feuillé, les angles des pierres, les sinuosités du terrain, tout ce qui enfin n'est pas l'ensemble : car, ainsi que nous l'avons déjà dit, les angles doivent aussi bien donner la forme des détails que servir à construire les ensembles; et il suffit d'une certaine harmonie de lignes pour compléter à la vue l'effet d'un objet quelconque. Là doit s'arrêter la charpente du second ordre; le reste appartient au fini.

Cette seconde charpente qui suit immédiatement l'autre dans le mouvement, est trop en dehors des prévisions pour que nous puissions en traiter autrement que dans nos planches. *Pl.* 2, 4, 5 et 7.

Plus tard, et après un certain temps d'études, cette seconde partie des charpentages, que jusque-là nous avons strictement recommandée, deviendra un travail d'appréciation mentale ; mais alors l'élève le portera dans son regard et dans son esprit ; il l'aura employé et l'emploiera toujours pour ses ensembles ; de cette manière, nous ne craindrons pas qu'il l'oublie jamais.

Au sortir de l'étude du charpentage, qui n'offre d'exercice à la main que pour ce qui est de l'agencement des lignes droites, il n'y a pas transition pour entamer les travaux du fini, même dans les plus simples détails, si l'on ne revient, d'une manière consciencieuse, sur l'étude de la ligne courbe. (*voir la pl.* 8.)

Alors viendra l'étude du trait proprement dit, que nous diviserons comme celle des angles et de la charpente, en deux parties, celle des détails et celle du tout.

Il ne serait pas hors de propos de dire ici un mot sur la véritable valeur du trait.

Le trait est cet assemblage de lignes, par lequel on détermine la place et la forme des objets dont l'ensemble compose le sujet d'un tableau ou d'un dessin. Il est essentiel de bien comprendre que le trait n'existe pas dans la nature, et que, par conséquent, il doit disparaître une fois le dessin mis à l'effet, comme la charpente sous le fini, sans cela il y a sécheresse dans le travail, défaut où tombent un grand nombre d'élèves à qui l'on a trop négligé de faire comprendre cela.

L'étude consciencieuse des détails, nous le croyons, ne saurait être abordée que par partie. Chaque détail de la physionomie humaine, nous l'avons dit, a des conditions d'existence trop distinctes pour qu'on puisse l'étudier autrement. Nous avons posé cette question : « N'y a-t-il pas un temps plus favorable à l'étude des détails que le commencement immédiat ? » Si on ne la résout pas comme nous, l'élève attaché à des lignes courbes dont il ne peut sentir les directions, péniblement attaché à un travail minutieux, s'y absorbe, sans pouvoir en saisir le caractère. Après l'étude du charpentage, cet élève, au lieu de s'obstiner à la copie mécanique d'un œil, qui n'exprime rien, en saisira d'abord en quelques lignes la forme expressive ; et le voyant déjà exister, pour ainsi dire, il activera son travail, parce qu'il aura hâte d'arriver à revêtir cette charpente de tous ses accessoires, afin de compléter son œuvre.

Pour la figure, le paysage, la fleur et l'ornement, procéder toujours par fragments, *pl.* 9, 10, 11, 12, 13 et 14.

Et ces détails seront ainsi construits, (charpente simple, *pl.* 9, 11 et 13, et finis, *pl.* 10, 12 et 14.)

Cependant comme cette étude, s'emparant exclusivement des travaux pour un certain laps de temps, pourrait donner à la main une timidité nuisible, nous en détruirons le fâcheux effet par le retour sur les charpentages de huit en huit leçons, jusqu'à ce qu'on ait passé cette première partie de la seconde phase.

A l'étude des détails finis doit se joindre celle de l'ombre, car le fini consiste, en réalité, bien plutôt dans l'ombre que dans le trait, puisque nous sommes convenus que le trait doit s'effacer dès que l'objet est mis à l'effet, et que le trait n'existe pas dans la nature.

Il en est pour l'ombre comme pour le trait : de même que nous avons d'abord étudié le trait dans sa plus grande simplicité, nous n'attendrons pas pour mettre l'estompe à la main de nos élèves, le moment où ils seront arrivés à dessiner correctement le trait d'un dessin entier. Nous les tierons, au contraire, à ce travail complexe de la mise à l'effet par celle des détails, qui est plus simple.

DU MODÈLE COMPLET.

Pour la partie du fini, dans les entiers nous n'avons qu'à rappeler, après tout ce qui précède, que le dessin doit être premièrement construit par la charpente, de même que les détails.

Pour ce qui est de l'ombre dans le modèle, nous croyons que, jusqu'ici, on n'a pas assez cherché à développer le sentiment artistique de la couleur chez les élèves ; et d'ailleurs, que ces élèves soient destinés au monde ou aux arts, n'est-il pas bon que, de bonne heure, on développe leur goût sur l'harmonie de la lumière? Dans un tableau, les parties ombreuses offrent des accidents infinis de variété, par les reflets et les clairs-obscurs. Pour donner, autant que possible, à nos élèves le sentiment de cette reproduction vivante de la nature, nous projetterons sur nos modèles en relief des ombres portées qui varieront les effets.

INSTRUMENTS

A L'ÉTUDE DU DESSIN.

On se rappelle que nous avons parlé de la commodité d'un tableau noir pour l'étude de la charpente et pour les exercices préliminaires des lignes et des angles. Nous avons signalé ce moyen, non-seulement comme une véritable économie, mais encore comme essentiellement bon à donner de l'ampleur à la MANIÈRE, en permettant à l'élève d'effacer à son gré les lignes manquées; nous conseillons donc, par ces deux motifs, l'emploi du tableau noir.

Ce tableau doit avoir à peu près 16 pouces de haut sur 21 de large. C'est une planche bien polie et faite de manière à ne pouvoir jouer, sur laquelle on passe plusieurs couches de noir, mais que l'on ne vernit pas.

Il ne faut se servir de ce tableau que

lorsqu'il est parfaitement sec, si l'on ne veut le rayer.

Il faut en outre de la craie blanche coupée en crayon, un porte-crayon dans lequel ce crayon blanc doit être introduit, et un canif.

Comme l'emploi du crayon blanc n'a, presque jusqu'à présent, eu lieu que dans le dessin que fait le peintre sur la toile, il n'est peut-être pas hors de propos de dire que, comme le crayon noir que nous emploierons aussi quelque peu dans l'ombre, le crayon blanc doit être taillé en remontant, la pointe soutenue par le bout de l'index de la main gauche qui le tient : ce crayon blanc a moins de consistance que le noir ; on doit manier le canif avec plus de soin et de délicatesse.

Une éponge doit compléter le nombre des objets nécessaires ; cette éponge sert à effacer le travail du tableau.

Voici les seuls instruments dont on usera pendant les quelques mois que nécessiteront les travaux de lignes d'angles, d'exercices et de charpentes. Quand on en sera à l'étude des détails, ces instruments seront changés :

Le tableau, contre du papier ;

Le crayon blanc, contre le fusin, le crayon

noir, contre le crayon de mine de plomb et l'estompe;

Et l'éponge contre la peau de gant ou un petit linge pour effacer le fusin, la mie de pain demi-rassi pour effacer le crayon noir. et la gomme élastique pour le crayon de mine.

Nous ne recommanderons l'emploi de ces derniers moyens qu'à la dernière extrémité; d'abord, parce que désormais la hardiesse de la main devra être plus raisonnée, en-suite parce que le papier n'est pas comme le tableau, qui permet d'effacer autant qu'on le veut; mais. parce qu'au contraire. il se salit et se graisse de manière à ce qu'on ne puisse plus s'en servir après deux ou trois traits seulement.

Pour ce qui est du fusin, il ne faut pas l'effacer en frottant, mais bien en tapotant légèrement dessus avec la peau de gant ou le linge fin.

Le fusin qui, parce qu'il s'efface beau-coup mieux que le crayon, doit servir à ébaucher le trait, servira lui seul, désor-mais, à charpenter; dès qu'il s'agira de couvrir la charpente de lignes courbes, on prendra le crayon.

Le dessin une fois mis au trait à l'aide du crayon, il ne restera plus qu'à l'ombrer.

Il importe peu comment on obtient les ombres ; nous disons : *il importe peu* pour les ombres en elles-mêmes ; mais il importe beaucoup en réalité de les obtenir économiquement. Il existe deux manières d'ombrer : celle par les hachures et celle par l'estompe. La manière par hachures est fort longue ; c'est un travail de patience dans lequel réussissent souvent fort mal les gens destinés à être recommandables un jour et auquel aiment à s'exercer ceux dont l'esprit est lent ; la manière par estompe . non-seulement est plus brève , mais elle développe davantage le sentiment artistique par une étude moins aride du maniement et par une appréciation plus vive et par conséquent plus hardie des effets.

Nous recommandons l'estompe.

Il faut prendre à cet effet du crayon noir, très tendre, qu'on appelle *crayon de sauce,* écraser ce crayon sur son garde-main, y frotter son estompe plus ou moins fortement selon les ombres à faire. Ce travail fait, on prend un crayon noir n° 1 ou 2 et on donne des coups de force à certains contours que l'estompe ne peut former tout-à-fait. C'est dans ce cas unique que nous admettons le crayon pour l'ombre.

On a besoin de six estompes.

1º Une grosse, en biseau d'un bout (papier gris); on emploie cette estompe pour ébaucher les grandes ombres telles que celles du fond.

2º Une moyenne, sans biseau (papier gris); celle-ci sert à l'ébauche du modelé, c'est-à-dire des rondeurs.

3º Une estompe de papier blanc; (moyenne.)

4º Une petite estompe de papier blanc; Toutes les deux pour finir le modelé.

5º Une de peau. (moyenne.)

6º Une de peau, (petite.)
pour égaliser les ombres et faire les tons les plus pâles et les plus délicats : ceux qui approchent du clair.

Ces deux dernières estompes servent à égaliser, parce qu'elles ont la propriété d'enlever à un certain degré les taches d'estompes et même d'éclaircir des parties entières.

Il reste encore une dernière ressource pour les taches qui n'ont pu s'enlever avec l'estompe de peau, c'est la mie de pain demi-rassi que l'on roule entre les doigts de manière à en former une petite boulette dont la pointe doit servir à effacer.

Mais, encore une fois, il ne faut user de ce moyen qu'à la dernière extrémité.

On ombre aussi la fleur avec l'estompe, que l'on soutient de crayon. On emploie le crayon avec beaucoup de délicatesse et plus particulièrement pour épurer les contours. Les estompes devront être fines et petites.

Pour le paysage, le crayon noir et l'estompe sont également incommodes : le premier parce que le grain n'en est pas moëlleux, la seconde parce qu'elle ne pourrait pas rendre la multiplicité de traits dont le paysage est composé ; on se sert alors du crayon de mine de plomb.

N° 2 pour esquisser. (après avoir toutefois charpenté légèrement avec le fusin).

N° 1 (plus tendre) pour ombrer.

Nous conseillons, pour les qualités que nous y avons reconnues, les *Comté* pour crayon noir, et les *Valter* pour mine de plomb.

TRAITÉ ÉLÉMENTAIRE

DE

Perspective Pratique.

NOTIONS DE GÉOMÉTRIE

Nécessaires à l'étude de la Perspective.

Pour étudier et comprendre la perspective, il est indispensable de posséder quelques notions de géométrie ; car cette science est la base de toute opération de perspective. Mais nous ne donnerons de géométrie que le strict nécessaire ; et nous affirmons qu'il n'est pas urgent d'en savoir beaucoup pour devenir très habile dans la pratique.

Jusqu'à présent, on ne s'est pas assez appliqué à simplifier les éléments de la perspective ; c'est probablament la cause qui éloigne tant de personnes de l'étude d'une science si utile à tous ceux qui s'occupent de dessin et de peinture : cette simplification est donc le problème que nous nous sommes proposé de résoudre; nous espérons y être parvenus.

Nous commencerons par la définition des lignes droites et courbes, nous passerons ensuite à l'étude des principales figures qui naissent de la combinaison de ces lignes, et nous terminerons en donnant la manière de construire ces figures.

Les opérations de géométrie ou de perspective nécessitant beaucoup de précision, il est essentiel pour bien opérer d'avoir de bons instruments. Il faut une règle de deux pieds de longueur et une équerre de huit a dix pouces de côté. Ces instruments doivent être en bois le plus dur possible, en ébène par exemple, et très minces afin qu'ils ne se contournent pas. On s'assure de leur justesse par les opérations suivantes : on trace une ligne de toute la longueur de la règle, puis on retourne celle-ci de manière à ce que le même côté dont on s'est servi pour tracer la ligne vienne s'y appliquer en sens contraire ; et si elle ne s'en éloigne ni ne la recouvre en aucun point, cette règle est juste. Pour vérifier l'équerre on fait ainsi : après avoir placé la règle de manière à pouvoir la tenir immobile, on applique contre elle un des côtés de cette équerre, on trace la ligne perpendiculaire à la règle, et si, retournant l'équerre de sorte que le côté dont on s'est servi pour tracer la ligne s'y applique parfaitement en tous points, l'instrument est juste.

Il faut, de plus, une boîte de mathématiques contenant au moins deux compas, l'un simple et l'autre à branches de rechange; un rapporteur en corne et un bon tire-ligne dont l'emploi est de passer à l'encre les figures que l'on doit toujours commencer avec un crayon très dur, et taillé bien fin pour qu'il n'y ait pas de doute sur la place du point d'intersection donné par la rencontre de deux ou de plusieurs lignes.

DÉFINITIONS.

Du Point.

Le *point* n'a ni longueur, ni largeur, ni épaisseur. Lorsqu'il y en a plusieurs dans un dessin, on se sert pour les désigner, de manière à ne pas les confondre, d'une lettre différente que l'on met à côté de chacun d'eux ; et l'on dit le point *A*, le point *D*, etc. On nomme point *d'intersection* l'endroit où deux ou plusieurs lignes se coupent en se rencontrant.

De la ligne.

Si l'on conçoit qu'un point se transporte d'un lieu à un autre de manière à laisser une trace à sa suite, cette trace sera la *ligne*; ce qui prouve que la ligne n'a qu'une dimension, la longueur. Une ligne se désigne par des lettres placées à chacune de ses extrémités, *fig.* 3 de la *pl.* 21, et l'on dit la ligne *AB*, comme on dirait d'une autre ligne qu'on voudrait distinguer de celle-ci, la ligne *DC*, etc. (*Atlas*, 2ᵉ partie.)

Il y a plusieurs espèces de lignes, qui sont : la ligne *droite*, qui est le plus court chemin d'un point à un autre, *fig.* 1, 2, 3, de la *pl.* 21; la ligne *brisée*, qui est un composé de lignes droites, *fig.* 4 de la *pl.* 21; la ligne courbe, qui n'est ni droite ni composée de lignes droites, figure 5 de la planche 21, et enfin la ligne *mixte*, qui est un composé de lignes droites et courbes *fig.* 6 de la *pl.* 21.

La ligne droite peut être *verticale, hori-*

zontale ou *oblique*. Elle est verticale lorsqu'elle suit la direction d'un fil à plomb; *fig.* 1 de la *pl.* 21 ; horizontale lorsqu'elle est parallèle à la surface d'une eau paisible; *fig.* 2 de la *pl.* 21 ; et oblique quand elle n'est ni verticale ni horizontale; *fig.* 3 de la *pl.* 21.

On nomme *lignes parallèles* celles qui, conservant toujours entre elles le même espace, ne peuvent jamais se rencontrer; *fig.* 7, 8, 9 de la *pl.* 21.

Une ligne verticale en rencontrant une horizontale, forme ce que l'on nomme une *perpendiculaire; fig.* 10 de la *pl.* 21. Dans ce cas, l'horizontale *CD* est aussi bien perpendiculaire à la verticale *AB*, que celle-ci l'est à l'horizontale ; d'où il suit qu'il ne faut pas confondre la perpendiculaire avec la verticale.

De l'Angle.

Deux lignes quelconques se rencontrant en un point, forment ce que l'on nomme un *angle; fig.* 11, 12, 13 de la *pl.* 21 ; le point de rencontre ou d'intersection de ces deux lignes se nomme *sommet* de l'angle ; et les lignes qui le forment sont les *côtés* de cet angle. On nomme *ouverture* de l'angle l'espace compris entre les lignes de côtés.

Un angle peut être *droit, obtus* ou *aigu.* Il est droit, lorsqu'il est formé par deux lignes perpendiculaires l'une à l'autre, *fig.* 11 de la *pl.* 21 ; obtus, lorsqu'il est plus ouvert que l'angle droit, *fig.* 12 de la *pl.* 21 ; aigu, lorsqu'il l'est moins, *fig.* 13 de la *pl.* 21.

La grandeur de l'angle ne dépend pas de la longueur de ses lignes de côtés, mais bien de l'ouverture ou écartement de ces lignes : ainsi, l'angle obtus est plus grand que l'angle droit, et celui-ci plus grand que l'angle aigu : par conséquent, deux angles sont égaux quand ils ont la même ouverture.

On désigne ordinairement un angle par trois lettres placées aux extrémités des lignes qui servent à le former, *fig.* 11, 12, 13, de la *pl.* 21, en ayant soin d'énoncer au milieu des deux autres la lettre du sommet ; et l'on dit l'angle *B A C :* cependant, lorsqu'un angle ne peut être confondu avec aucun autre, on peut ne se servir que d'une seule lettre que l'on place à son sommet. Ainsi on dirait aussi bien l'angle A.

Il ne faut pas confondre l'angle avec le triangle ; le premier n'a que deux côtés, tandis que le triangle en a trois.

Des surfaces.

La limite qui sépare un corps de l'espace qui l'entoure se nomme *surface*, la surface n'a pas d'épaisseur, elle n'a que deux dimensions, longueur et largeur. Les surfaces sont déterminées par des lignes droites ou courbes.

On nomme *plan* ou *surface plane*, celle sur laquelle on peut appliquer une règle en tous les sens ; ce qu'il n'est pas possible de faire sur une surface courbe.

Le *polygone* ou figure plane à plusieurs côtés, est une surface terminée soit par des lignes droites, soit par des lignes courbes. Le plus simple de tous les polygones est celui à trois côtés, ou *triangle*, *fig.* 14, 15, 16 et 17 de la *pl.* 21 ; vient ensuite le *quadrilatère*, ou figure à quatre côtés. *fig.* 18 19, 20 de la *pl.* 21, et 1, 2 de la *pl.* 22 ; le *pentagone*, ou à cinq côtés, *fig.* 3 de la *pl.* 22 ; l'*hexagone*, ou à six côtés, *fig.* 4 de la *pl.* 22 ; l'*octogone*, ou à huit côtés, *fig.* 5 de la *pl.* 22, le *dodécagone*, ou à douze côtés; *fig.* 6 de la *pl.* 22, etc., etc.

On distingue plusieurs sortes de triangles, qui sont : le triangle *équilatéral*, qui a ses angles et ses côtés égaux, *fig.* 14 de la *pl.* 21; le triangle *isoscèle*, qui a deux angles et deux côtés égaux, *fig.* 15 de la *pl.* 21; le triangle *rectangle*, qui a un angle droit, *fig.* 16 de la *pl.* 21; et enfin le triangle *scalène*, qui a ses côtés et ses angles inégaux, *fig.* 17 de la *pl.* 21.

Il y a aussi plusieurs sortes de quadrilatères : le *carré*, qui a ses côtés égaux et ses angles droits, *fig.* 18 de la *pl.* 21; le *rectangle*, qui a ses côtés opposés égaux et ses angles droits, *fig.* 19 de la *pl.* 21; le *lozange*, qui a ses côtés égaux sans avoir ses angles droits, fig. 20 de la *pl.* 21; le *parallélogramme*, qui a ses côtés égaux et parallèles sans avoir ses angles droits, *fig.* 1 de la *pl.* 22, et enfin le *trapèze*, qui a ses côtés inégaux et dont deux sont parallèles, sans avoir ses angles droits, *fig.* 2 de la *pl.* 22.

Le *pentagone* régulier a cinq côtés et cinq angles égaux, *fig.* 3 de la *pl.* 22; l'*hexagone* régulier a six côtés et six angles égaux; *fig.* 4 de la *pl.* 22; l'*octogone* régulier a huit côtés et huit angles égaux, *fig.* 5 de la *pl.* 22; le *dodécagone* régulier a douze angles égaux, *fig.* 6 de la *pl.* 22.

Il y a des pentagones, des hexagones, des octogones et des dodécagones irréguliers, ce sont ceux dont les côtés et les angles sont inégaux.

Si l'on construit un polygone régulier à seize côtés, *fig.* 7 de la *pl.* 22, on verra qu'il se rapproche déjà de la figure nommée circulaire ou cercle; et qu'il en sera de plus en plus près à mesure que l'on multipliera le nombre de ses côtés; de sorte que l'on peut considérer une circonférence de cercle comme un composé d'une infinité de petites lignes droites, inclinées les unes sur les autres.

Passons maintenant à l'étude des figures limitées par des lignes courbes.

Du Cercle.

La *circonférence d'un cercle* est la plus régulière de toutes les lignes courbes; on nomme ainsi une ligne dont tous les points se trouvent à égale distance d'un autre point appelé *centre*. *fig.* 8 de la *pl.* 22.

Le *diamètre* d'un cercle est une ligne

droite qui, passant par le centre C, se termine à deux points opposés de la circonférence; la ligne AB de la *fig.* 9 de la *pl.* 22, est le diamètre de ce cercle.

Les *rayons* sont des lignes qui, partant du centre vont aboutir à quel point que ce soit de la circonférence, ligne CD, *fig.* 10 de la *pl.* 22. D'après la définition de la circonférence, tous les diamètres d'un même cercle sont égaux : il en est de même des rayons qui sont la moitié du diamètre.

La *corde* est une ligne droite plus petite que le diamètre et qui, sans passer par le centre, se termine à deux points de la circonférence, ligne EF, *fig.* 11 de la *pl.* 22. On peut aussi considérer le diamètre comme la plus grande des cordes qu'on puisse mener dans un cercle.

La portion de circonférence, comprise d'un point à l'autre d'une corde, se nomme *arc-de-cercle*, telle est la ligne courbe EHF, *fig.* 12 de la *pl.* 22.

La *flèche* est une ligne perpendiculaire à la corde, et qui, placée juste au milieu d'elle, donne le point le plus élevé de l'arc au-dessus de la corde : ligne droite GH, *fig.* 1 de la *pl.* 23.

La *tangente* est une ligne droite hors du

cercle, et qui ne touche cette courbe qu'en un seul point sans la couper, ligne droite *IJ*, *fig.* 2 de la *pl.* 23.

La *sécante* est une droite qui traverse un cercle en quelque endroit que ce soit, et le coupe en deux points, ligne droite *KL*, *fig.* 3 de la *pl.* 23.

La *spirale* est une ligne courbe qui, tournant sans cesse autour d'un point, s'en éloigne de plus en plus, *fig.* 4 de la *pl.* 23.

L'*ellipse* est une figure circulaire qui a deux diamètres de grandeurs inégales que l'on nomme *grand axe* et *petit axe*. Cette figure peut être considérée comme un cercle dont tous les points de la circonférence se sont rapprochés dans une même proportion, du plus petit de ses deux diamètres : *Fig.* 5 et 7 de la *pl.* 23. *AB* grand axe, *CD* petit axe.

L'*ovale* est une figure composée de plusieurs portions de circonférence dont les rayons sont différents : *Fig.* 6 de la *pl.* 23.

Un triangle *curviligne* est composé de trois portions de circonférence. *Fig.* 8 et 9 de la *pl.* 23.

Un triangle *mixtiligne* est composé de lignes droites et de lignes courbes : *Fig.* 10, 11, 12 de la *pl.* 23.

On nomme *ogive* une figure formée par deux arcs de cercle se rencontrant en un point. *Fig.* 10 de la *pl.* 23.

Des Solides.

On nomme *solide* ou *corps* un composé des trois dimensions : longueur, largeur et épaisseur. Un solide peut être composé de surfaces planes ou de surfaces courbes, et prend un nom différent suivant la forme qu'il affecte. La face sur laquelle repose un solide se nomme *base*.

Solides à surfaces planes.

On ne peut former un solide à moins de quatre faces ou plans ; lorsqu'ils sont réguliers, le solide prend le nom de *polyèdre régulier*. Tel est le *tétraèdre* formé par quatre triangles équilatéraux (*fig.* 7 de la *pl.* 25) et l'*hexaèdre* ou *cube*, composé de six carrés égaux, et ayant ses surfaces diamétralement opposées parallèles, *fig.* 8 de la *pl.* 25.

On nomme *arète* la ligne selon laquelle se joignent deux des surfaces d'un solide.

Les solides à surfaces planes renferment

encore les *prismes*, *fig.* 9, 10, 11 et 12 de la *pl.* 25, et les *pyramides*, *fig.* 1, 2, 3 et 4 de la *pl.* 26.

Les prismes sont des solides ayant pour base un triangle, *fig.* 9; un carré, *fig.* 10; un pentagone, *fig.* 11; un hexagone, *fig.* 12, etc., *pl.* 25, et prennent en conséquence les noms de prisme triangulaire, prisme quadrangulaire, prisme pentagonal, prisme hexagonal, etc., etc.

Solides à surfaces courbes.

Parmi les solides à surfaces courbes, on trouve la *sphère* ou *boule*, le *sphéroïde*, le *cylindre* et le *cône*.

La *sphère* est un solide dont tous les points de la surface sont à égale distance du centre, *fig.* 5 de la *pl.* 26.

Le *sphéroïde* est un solide formé par un demi-ovale, et tournant à angle droit autour de son grand axe, soit qu'il ait la forme d'un œuf ou celle d'une ellipse, *fig.* 6 et 7 de la *pl.* 26.

Le *cylindre* est un solide ayant pour base un cercle, et qui pourrait être produit par un rectangle pivotant sur l'un de ses côtés : *fig.* 8 de la *pl.* 26.

Le *cône* est un solide ayant pour base un cercle, et qui pourrait aussi être produit par une équerre ou un triangle rectangle pivotant sur un de leurs côtés (*fig.* 9 de la *pl.* 26); quelquefois un cône peut avoir pour base une ellipse.

GÉOMÉTRIE PRATIQUE.

A présent que nous connaissons les noms des principales figures géométriques qui peuvent être tracées à l'aide du compas, de la règle et de l'équerre, passons à l'étude de la construction de ces figures. Nous avons pensé qu'il était préférable de le faire à part de leurs dénominations, afin d'être mieux compris, et pour procéder toujours du connu à l'inconnu.

Tracé de la ligne droite.

La longueur d'une ligne est ordinairement limitée par deux points que l'on se propose de joindre par cette ligne. Pour le faire, on place une règle de manière à ce que l'un de ses bords soit très près de ces deux points; et, maintenant cette règle dans une position immobile, on fait glisser le long de celle-ci l'instrument à l'aide duquel on doit tracer cette ligne.

Pour mener des parallèles à une ligne donnée.

Il faut placer l'équerre en sorte que l'un de ses côtés soit tout près de cette ligne dans toute sa longueur, puis appliquer une règle à l'un des autres côtés de l'équerre, et tenir cette règle immobile; alors, faisant glisser l'équerre le long de la règle, on obtiendra autant de parallèles à la première ligne qu'on en aura besoin.

Pour diviser une ligne droite en autant de parties que ce soit.

Fig. 1 de la *pl.* 24. Il faut mener une ligne BC, indéfinie et formant un angle aigu avec la droite AB; puis porter, à partir du sommet de l'angle B sur la ligne BC, autant de grandeurs égales que l'on veut obtenir de parties sur AB; ensuite, joindre l'extrémité de la dernière division à l'extrémité de la ligne AB par une droite CA, et par tous les points de division de CB, mener des parallèles à *AC* coupant *AB* en autant de parties égales.

Pour élever une ligne perpendiculaire sur le milieu d'une horizontale.

Fig. 2 de la *pl.* 24. Il faut considérer comme centres, les extrémités de l'horizontale *CD*, et de chacun de ces points, avec une ouverture de compas plus grande que la moitié de cette ligne, décrire les arcs qui se couperont en *A* et en *B* ; alors, faisant passer une droite par ces deux points, on aura la verticale *AB*, perpendiculaire à l'horizontale *CD*. Cette opération peut aussi donner exactement le milieu d'une ligne, ou servir à construire l'angle droit.

Pour construire un angle égal à un angle donné.

Il faut tracer une ligne indéfinie, prendre la longueur d'une des lignes de côtés de l'angle donné, et porter cette longueur sur la ligne tracée ; ensuite, de l'une des extrémités de cette longueur comme centre, et avec la même ouverture de compas, décrire un arc indéfini sur lequel on portera une

ouverture égale à celle de l'angle modèle ;
alors, joignant par une ligne droite ce point
de l'arc à celui de l'autre extrémité de la
ligne qu'on a tracée d'abord, on aura l'angle cherché. La même opération peut aussi
servir pour construire un triangle semblable
à un autre triangle donné.

Comme on a souvent, en géométrie, de
ces copies d'angles à faire, on se sert, pour
abréger le travail, d'un instrument que l'on
nomme rapporteur. — Nous en donnons le
dessin *fig*. 10 de la *pl*. 26. C'est une demi-
circonférence divisée en 180 parties égales
ou *degrés*. Cet instrument est en corne très
mince et transparente. En l'appliquant sur
l'angle que l'on veut copier, de manière à
faire coïncider son point de centre avec le
sommet de l'angle, on voit combien son ouverture embrasse de degrés, et il est facile
alors de construire un autre angle semblable
à celui-ci.

Pour construire un triangle équilatéral.

Fig. 3 de la *pl*. 24. Il faut tracer l'horizontale *AB* de la grandeur que l'on veut
donner aux côtés du triangle ; puis, avec
une ouverture de compas égale à la lon-

gueur de cette ligne, et considérant successivement les extrémités A et B comme centres, décrire deux arcs qui, se coupant en C, donnent un point que l'on doit joindre par deux droites à chaque extrémité de l'horizontale AB.

Pour construire un carré.

Fig. 4 de la *pl.* 24. Il faut tracer l'horizontale AB de la grandeur que l'on veut donner aux côtés de la figure ; puis, de chaque extrémité de cette ligne, en élever, au moyen de l'équerre, deux autres qui lui soient perpendiculaires ; alors, avec une ouverture de compas égale à la longueur de la ligne AB, et considérant successivement ses extrémités comme centres, on décrira les arcs qui couperont ces perpendiculaires en C et en D, et l'on n'aura plus, pour terminer la figure, qu'à joindre les points C et D par une ligne droite.

Le rectangle se construit par le même moyen ; seulement, au lieu de tracer les arcs, on porte sur les perpendiculaires la hauteur plus ou moins grande que l'on veut donner à la figure.

Pour construire un rectangle semblable à

Un autre ; mais plus petit ou plus grand.

Fig. 5 de la *pl.* 24. Il faut tracer l'horizontale *AB* selon la grandeur que doit avoir la figure que l'on veut construire, et du point *A* élever une perpendiculaire à cette horizontale ; puis après, voir quel angle forme la diagonale *AC* avec l'horizontale *AB ;* alors, après avoir tracé sur cette figure une diagonale dans la même pente, on élévera du point *B* une seconde perpendiculaire qui coupera cette diagonale en un point ; et, par ce point, menant une parallèle à *AB*, on aura un rectangle semblable à celui qu'on s'est proposé de copier.

Nous ne pensons pas devoir nous étendre davantage sur la construction des quadrilatères suivants, *fig.* 20 de la *pl.* 21, et 1, 2 de la *pl.* 22 ; ils ont tant de rapports avec les opérations que nous avons décrites jusqu'ici, que si ces opérations ont été bien comprises, il est très aisé d'en faire l'application au tracé de ces figures.

Si l'on veut construire des polygones réguliers tels que ceux qui sont représentés par les figures 6, 7, 8, 9 et 10 de la *pl.* 24, on décrit une circonférence de cercle assez grande pour contenir celui de ces polygones que l'on veut tracer, puis on divise cette circonférence en autant de parties égales que la figure doit avoir de côtés; on n'a plus alors qu'à joindre par des lignes droites chacun des points de division à celui qui se trouve immédiatement après lui; par ce moyen, on obtient tel polygone régulier que ce soit.

Pour faire passer une circonférence de cercle par trois points donnés, pourvu que ces points ne soient pas en ligne droite.

Fig. 11 de la *pl.* 24. Soient les points donnés *A, B, C* : il faut considérer chacun de ces points comme centre, et avec une ouverture quelconque de compas, décrire des arcs qui, se rencontrant, donnent les points d'intersection *DE, FG;* alors, menant par ces points des lignes indéfinies, l'endroit où elles se couperont sera le centre *H* du cercle qui devra forcément passer par les points *ABC*. On peut aussi se servir de ce moyen pour retrouver le centre d'un cercle qui aurait été perdu.

*Pour mener une tangente par un point
donné sur la circonférence d'un cercle.*

Fig. 12 de la *pl.* 24. Du point de centre H et par le point I, il faut faire passer la ligne HJ égale à deux fois le rayon HI. Des points H et J comme centres, et avec une ouverture de compas suffisamment grande, décrire deux arcs qui se couperont en K et en L; alors, menant une ligne droite par ces deux points, elle sera la tangente cherchée.

Pour tracer une Spirale.

Fig. 13 de la *pl.* 24. Il faut mener deux parallèles indéfinies, verticales et horizontales, et formant en se rencontrant le petit carré $ABCD$. Du point B comme centre, et avec une ouverture de compas égale à l'un des côtés du carré, décrire le quart de circonférence AE, reporter le centre au point D, et avec une ouverture de compas égale à DE, double de la première, décrire le quart de circonférence EF, puis reporter le centre au point C, et en augmentant encore l'ouverture du compas d'un des côtés du carré, décrire le quart de circonférence *FG*. En augmentant successivement le rayon d'une fois sa longueur primitive, pour chaque nouvelle position du centre, on obtient les quarts de circonférence *GH, HI, IJ, JK*, etc., etc.

Pour élever une perpendiculaire à l'extrémité d'une ligne droite qu'on ne peut prolonger.

Fig. 1 de la *pl.* 25. Placez la pointe du compas en un point quelconque *E*, situé hors de la droite *AB* sur laquelle vous vous proposez d'élever une perpendiculaire ; avec un rayon égal à *EB*, décrivez l'arc *CBD;* menez ensuite le diamètre *CED*, et joignez le point *B* au point où ce diamètre coupe l'arc ; la ligne *BD* sera la perpendiculaire demandée, car l'angle *CBD* étant inscrit dans une demi circonférence sera un angle droit. (Voy. le TRAITÉ DE GÉOMÉTRIE.)

Pour construire une Ellipse ordinaire.

Fig. 2 de la *pl.* 25. Il faut tracer une horizontale *AB*, et la diviser en trois parties égales ; puis, des points *E* et *F* comme centres, et avec une ouverture de compas égale à leur écartement, décrire deux circonférences qui se couperont en *G* et en *H;* du point *G* et par le point *E*, mener le diamètre *GK;* du point *G* et par le point *F*, le diamètre *GL;* du point *H* et par le point *E*, le diamètre *HI;* du point *H* et par le point *F* le diamètre *HJ*. Alors, des points *GH* comme centres et avec une ouverture de compas égale à l'un des diamètres, on décrira les arcs *ICJ* et *KDL*, ce qui terminera l'ellipse.

Si l'on a à construire une ellipse dont la largeur *CB* et la hauteur *ED* soient données, *fig.* 4 de la *pl.* 25, on procédera ainsi : la ligne horizontale *CB*, grand axe de l'ellipse, et la ligne verticale *DE*, petit axe, étant tracées, il faut prendre *AD*, porter cette longueur sur l'horizontale, à partir du point *C*, et l'on aura le point *I;* on divisera *AI* en 4 parties égales; et, avec un rayon égal à 3 de ces divisions, on décrira la demi-circonférence *IML*. Du point *L*, avec le rayon *LM*, il faut décrire un arc qui coupe *BC* au point *N*, de ce point comme centre, avec *NB* pour rayon, on décrit l'arc *BO*, lequel point *O* est donné par l'intersection de cet arc sur la verticale élevée au point

S, moitié de *BN*; puis, par une ligne droite *ON* et la prolongeant jusqu'à ce qu'elle coupe *DF* prolongée, on a le point *F* qui est le centre de la courbe *ODQ*. Le reste de l'opération est tellement simple que nous ne pensons pas devoir la décrire : d'ailleurs, la vue des lignes de la figure suffira, sans aucun doute, pour en donner l'intelligence.

Pour construire un ovale.

Fig. 3 de la *pl.* 25. Il faut décrire une circonférence de cercle et y tracer le diamètre horizontal *AB*; de ces points et par le point *C*, mener les lignes *AE*, *BD*, égales à *AB*. Alors, des points *A* et *B* comme centres, on décrira les arcs *AD*, *BE*; et pour fermer la figure, il ne restera plus qu'à tracer le petit arc *DE* dont le point *C* est le centre.

Pour construire des triangles curvilignes.

Fig. 5 de la *pl.* 25. Il faut tracer le triangle équilatéral *ABC*; puis, de chacun de ces points comme centres, et avec une ouverture de compas égale à l'un des côtés de ce triangle, décrire les arcs *AB*, *BC*, *CA*, ce qui donnera la figure cherchée.

Fig. 6 de la *pl.* 25. On trace un triangle équitéral *ABC* dont les côtés soient deux fois aussi grands que ceux de la figure que l'on veut obtenir ; puis, des points *ABC* comme centres et avec une ouverture de compas égale à *AF*, moitié de *AC*, on décrit les arcs *EF*, *FD*, *DE*, ce qui forme le triangle cherché.

Les *fig.* 10, 11, 12, de la *pl.* 23, se construisant par des moyens analogues à ceux-ci, nous nous dispenserons de les donner de nouveau.

Nous engageons les élèves à faire ces opérations de géométrie, et surtout celles de perspective, dans des proportions aussi grandes que possible, afin d'obtenir plus de précision.

TRAITÉ

DE

PERSPECTIVE PRATIQUE.

La perspective est l'art de représenter sur une surface plane les objets tels qu'ils apparaissent à notre vue, dans la nature, avec la déformation plus ou moins considérable qu'ils y éprouvent, étant examinés d'un point fixe. Elle détermine aussi la forme apparente des ombres portées, produites par des corps quelconques, selon la direction des rayons du foyer lumineux qui éclaire ces corps, et selon que ces ombres sont projetées sur des surfaces planes, courbes, horizontales, ou inclinées en quelque sens que ce soit.

La perspective donne encore le moyen de

déterminer la réflexion ou mirage des objets sur l'eau ou sur un miroir.

Sans l'observation rigoureuse des règles de cette branche de l'art du dessin, positive comme les mathématiques desquelles elle dérive, la représentation des objets réguliers ne peut être que fausse. Il faut donc ne pas craindre de consacrer un peu de temps à l'étude de cette science qui, après tout, est soumise à des règles peu nombreuses et dans lesquelles il n'y a rien d'arbitraire.

On distingue deux sortes de perspectives; la perspective *linéaire*, qui a pour objet la représentation de tout ce qui est composé de formes régulières, et qui enseigne le moyen de trouver l'apparence d'un contour, avec une déformation plus ou moins considérable, selon qu'ils sont vus plus ou moins en raccourci; et la perspective *aérienne*, qui consiste en la dégradation des teintes et la modification de la lumière et de l'ombre produite par la masse d'air qui se trouve entre le spectateur et l'objet qu'il observe, selon l'éloignement plus ou moins grand dans le plan perspectif, selon l'état de l'atmosphère, et les accidents de jour qui varient à l'infini.

Il y a aussi ce qu'on appelle la perspective de *sentiment*, qui s'applique à tout ce qui n'a que peu ou point de lignes droites et de formes régulières, tel que l'homme, les animaux, les arbres, les accidents de terrain, etc., etc.; c'est celle dont nous avons parlé dans la première partie de cet ouvrage, et qui, ne nécessitant pas d'opérations mathématiques, peut, par cette raison, être rendue par l'application de notre moyen d'étudier le dessin : l'appréciation des différentes ouvertures d'angles.

Pour bien comprendre la perspective, il faut que celui qui dessine, considère la surface sur laquelle il le fait, comme une vitre au travers de laquelle il voit ce qu'il veut y dessiner; qu'il suppose cette vitre placée verticalement, ensorte qu'il s'en trouve éloigné d'environ deux fois la plus grande dimension de cette vitre, et que son œil soit à la même hauteur que la ligne d'horizon qu'il y aura tracée; il sera alors dans la meilleure position pour bien juger de l'effet perspectif des objets placés derrière cette vitre. Supposons maintenant que ce soit une vitre réelle, placée entre lui et la nature : si, conservant cette position, il trace les divers contours, points et lignes, de ce qu'il voit, il aura le trait perspectif de son tableau, trait perspectif auquel devra se rapporter exactement le dessin fait d'après les règles de la perspective, si son opération a été bien exécutée.

On doit comprendre que cette manière de faire, qui du reste, dispenserait de l'étude des règles de la perspective, en décalquant de la vitre sur le papier, ne serait pas applicable dans bien des cas, puisque d'ailleurs il est essentiel qu'on soit éloigné de la vitre de deux fois sa plus grande dimension, ce qui mettrait le spectateur dans l'impossibilité d'opérer lorsqu'il aurait à mettre en perspective un tableau d'une certaine grandeur, par la raison qu'il s'en trouverait beaucoup trop éloigné. On ne doit donc considérer ce moyen que comme *explication de la perspective*, dont il faut posséder les règles pour ne pas se trouver embarrassé comme on le serait, par exemple, pour mettre au net la composition d'un tableau, ou bien pour rectifier un croquis fait d'après nature, lorsqu'il n'a pas été possible d'y passer assez de temps pour s'assurer que quelque faute ne s'est pas glissée dans le travail par la promptitude qu'il a fallu y apporter ; ou bien encore, lorsqu'on n'a pas pu se placer pour faire ce croquis dans l'endroit le plus favorable à l'effet de ce qu'on a voulu copier, ce qui oblige à tout refaire dans l'atelier.

Il faut, avant toute autre opération, déterminer par quatre lignes la forme du tableau qu'on se propose de faire (soit carré soit rectangle) en ayant soin que les lignes des côtés de ces cadres soient bien perpendiculaires entre elles ; *ABCE*, *fig.* 1, *pl.* 27.

Ceci fait, on divise une de ces lignes, ou la ligne inférieure du tableau, en autant de parties égales qu'il y a de mètres ou de pieds dans l'étendue de ce que l'on veut représenter : si, par exemple, ce qu'on se propose de copier d'un paysage, a 30 pieds ou environ, on divisera la largeur du tableau en 30 parties égales, *AB*, *fig.* 1, *pl.* 27, ce qui donnera une échelle de proportion pour les figures et les divers objets qui entreront dans la composition de ce tableau.

Lorsqu'on dessine d'après nature, il est essentiel de *placer* la ligne de terre *AB* du tableau à une distance égale à environ trois fois la plus grande proportion de l'objet principal ; il a été reconnu que c'est seulement à cette distance que l'œil peut embrasser toute l'étendue d'un objet quelconque, de manière à ce que les lignes n'éprouvent pas de dérangement dans leur direction, ce qui arrive, au contraire, lorsqu'étant trop près, on se trouve obligé de regarder de bas en haut, de droite à gauche, ou de gauche à droite.

Passons maintenant à la définition des principaux termes employés en perspective.

On nomme *ligne de terre* la ligne qui forme le bas du tableau ; elle doit toujours être de niveau ; ligne *AB, fig.* 1, *pl.* 27.

La *ligne d'horizon* est une ligne parallèle à la ligne de terre ; elle se trouve ordinairement à la hauteur de l'œil du spectateur ; ou de celui qui dessine ; d'où il suit que pour la déterminer on doit prendre sur l'échelle de proportion la hauteur qui répond à la taille ordinaire d'un personnage placé sur la ligne de terre, c'est-à dire environ cinq pieds, et porter cette mesure sur chaque côté du tableau en partant de sa base, ligne *FG, fig.* 1, *pl.* 27 ; c'est parce que beaucoup de peintres, qui n'observent pas cette règle, placent dans leurs tableaux la ligne d'horizon beaucoup trop haut, que les figures des plans éloignés paraissent marcher sur la tête de celles qui sont sur

es premiers plans, ce qui ne doit être que
orsque le spectateur se trouve sur un point
plus élevé que le terrain perspectif, ou
orsqu'une partie de ce terrain suit un mouvement ascensionnel. Il faut, dans le premier de ces deux cas, ne pas négliger de
faire comprendre, par les détails du premier plan du tableau, que le spectateur se
trouve sur un point culminant.

La ligne d'horizon doit être considérée
comme formant la séparation du ciel et de
la mer, dans toute la profondeur que la vue
peut, ou pourrait embrasser; car, lorsqu'elle
se trouve bornée par des montagnes dans
un paysage, ou dans un intérieur de chambre ou d'édifice, par le mur qui forme le fond
du tableau, il faut alors supposer ces corps
diaphanes, ensorte que cette ligne d'horizon se trouve à une distance indéfinie : elle
est de plus susceptible de s'élever ou de
s'abaisser, selon que le spectateur suit un
de ces deux mouvements, puisque, comme
nous l'avons dit plus haut, elle doit toujours être à la hauteur de l'œil de ce
spectateur; ensorte que s'il s'assied, cette
ligne ne se trouve plus élevée que d'environ
trois pieds de la ligne de terre, au lieu de
l'être de cinq, comme lorsque le spectateur

était debout; et enfin, s'il s'élève de cinq
pieds, cette ligne sera alors à dix pieds de
celle de terre; *fig.* 1, 2, 3, *pl.* 28. On doit
s'apercevoir, d'après ces figures, que la
hauteur la plus convenable pour la ligne
d'horizon est à cinq pieds de la ligne de
terre; la raison de cela c'est que le spectateur étant ordinairement debout et sur le
terrain perspectif, il convient mieux de placer cette ligne par rapport à cette position
la plus habituelle.

On peut encore mieux se rendre compte
de l'élévation ou de l'abaissement de la ligne
d'horizon, par l'exemple suivant : Supposons un observateur à une fenêtre du premier étage d'une maison bâtie au bord de la
mer, ou à l'entrée d'une plaine immense;
l'horizon sera alors à la hauteur de son œil.
S'il mesure à l'aide de quelqu'instrument que
ce soit la profondeur apparente de cette
mer ou de cette plaine, et que, descendant
au bas de la maison, il soumette cette mesure à ce qu'il découvrira de là, il remarquera, non sans étonnement, que sa mesure
sera beaucoup trop grande. S'il recommen-
ce son opération et se couche ou s'assied à
terre, cette seconde mesure sera encore
trop considérable, car, dans cette position il

ne verra plus que comme une petite bande cette mer ou cette plaine qui lui paraissaient si vastes, lorsqu'il était à la fenêtre d'où il a fait sa première observation.

L'espace renfermé dans le tableau, entre la ligne de terre et celle de l'horizon, se nomme *terrain perspectif*, ou *plan perspectif*, censé vu horizontalement, ou à vue humaine *AFGB*, *fig.* 1, *pl.* 27.

Le point de vue est un point placé sur la ligne d'horizon, en face du spectateur et autant que possible au milieu du tableau, ou ne s'en écartant que peu, *V. fig.* 1, *pl.* 27. Il doit être supposé, comme la ligne sur laquelle il se trouve, dans un éloignement indéfini et susceptible, comme elle, de se déplacer selon que le spectateur s'élève ou s'abaisse ; *V. fig.* 1, 2, 3, *pl.* 28.

Les *points de distance* sont au nombre de deux, et doivent être placés en dehors du tableau, sur le prolongement droit et gauche de la ligne d'horizon, à égale distance l'un et l'autre du point de vue *DD'*, *fig.* 1, *pl.* 27.

On n'a pas, jusqu'à ce jour, donné de règle positive relativement à l'éloignement qu'il doit y avoir entre le point de vue et les points de distance ; il suffira, pour s'en

convaincre, d'ouvrir les ouvrages qui existent sur la perspective, et l'on sera frappé
de la discordance qui règne entre eux relativement à ce point important; car, l'un
prescrit d'éloigner ces points du point de
vue d'une distance égale à trois fois la plus
grande proportion du tableau; un autre, de
deux à trois fois cette proportion; celui-ci,
de deux fois seulement; il y en a même qui
laissent la latitude immense de les éloigner
de une à trois fois la grande proportion du
tableau, selon le goût de l'opérateur. Puis,
les auteurs de ces méthodes, sans s'inquié-
ter aucunement des règles qu'ils ont posées
à cet égard, les enfreignent eux-mêmes
dans les planches qui accompagnent leurs
ouvrages, car tous placent ces points de
distance beaucoup trop rapprochés du
point de vue et souvent même en dedans
de leurs tableaux, ce qui ne peut être
dans aucun cas. Il en résulte que les élèves
copiant ces exemples et remarquant cette
incohérence entre la théorie et la pratique, ne comprennent pas une règle aussi
mal définie, ou se faussent les idées.

Et lorsqu'on pense que c'est sur une partie d'une science dont la géométrie est la
base que l'on s'accorde aussi peu, ne doit-

on pas s'étonner de la négligence impardon-
nable que l'on a mise jusqu'à ce jour à résoudre un problême aussi sérieux? Puisque
c'est par les points de distance que l'on détermine la profondeur apparente des objets
dans le tableau, et que, ces points étant
mal placés, les objets fuient trop ou trop
peu.

Que fallait-il donc faire pour obtenir un
résultat à l'aide duquel on pût poser une
règle certaine et invariable? ce qui devait
venir à la pensée de chacun, et ce que
nous avons fait : Consulter la nature, ce
grand maître avec lequel on apprend toujours quelque chose.

Il nous a été prouvé par les opérations
que nous avons faites sur la nature, avec
autant de précision qu'il nous a été possible
d'y en apporter, que les points de distance
doivent être éloignés du point de vue de
trois fois la grande proportion apparente de
l'objet principal du tableau, et non de trois
fois celle du tableau lui-même, ce qui est
bien différent. Et en effet, puisqu'il est reconnu qu'il faut s'éloigner de trois fois la
grandeur d'un objet pour le bien voir, et
que le point de distance doit être autant
éloigné du point de vue qu'on l'est de l'ob-

jet même; c'est par rapport à cet objet que doivent être placés les points de distance, et non par rapport au cadre qui circonscrit l'espace dans lequel se trouve cet objet, ce qui rejette ces points beaucoup trop loin. Cette loi que nos maîtres en peinture eux-mêmes ont, la plupart du temps négligée dans leurs compositions, ou transformée selon leur bon plaisir, lorsqu'elle nous a semblé devoir être, au contraire, unitaire et immuable comme nos facultés visuelles, puisque la perspective n'existe qu'en raison d'elles; nous n'avions plus, en désespoir de cause, qu'à recourir à la nature pour la connaître. Nous fîmes donc, à plusieurs reprises, cette vérification sur la nature, à la campagne et à la ville : vint ensuite l'admirable découverte de M. Daguerre, moyen plus irréfragable de nous convaincre; cette prodigieuse découverte nous offre constamment la nature fixée sur la plaque magique : toujours mêmes résultats. Ainsi, nous nous sommes trouvés forts pour poser cette règle, que les points de distance doivent être invariablement fixés, comme la ligne de terre, à trois fois la plus grande proportion du motif principal.

Ce que nous entendons par motif principal d'un tableau, est ce que l'on se propose avant tout de copier, soit un édifice, soit une maison, etc.; et lorsqu'un tableau ne renferme que des objets qui ne sont pas composés de lignes régulières, une fois la hauteur de la ligne d'horizon déterminée, le reste peut fort bien être rendu par la perspective de sentiment; *fig.* 2, *pl.* 27.

Ainsi donc, lorsqu'on voudra déterminer l'éloignement des points de distance, on commencera par jeter l'ensemble de son tableau, on tracera la ligne d'horizon à la hauteur convenable sur laquelle on déterminera la place du point de vue; et, prenant la plus grande proportion de l'objet principal, on portera cette mesure trois fois sur le prolongement de la ligne d'horizon à droite et à gauche du tableau, en partant du point de vue; *fig.* 3, *pl.* 27.

Sur la ligne d'horizon, ailleurs que n'est le point de vue, en deçà ou au-delà des points de distance et par conséquent en dedans ou au dehors du tableau, se trouvent des points nommés *points accidentels*. On les appelle ainsi parce qu'ils ne sont pas soumis à des règles précises comme le point de vue et les points de distance; car loin de régir la direction des lignes des objets qui les produisent, leurs places sont, au contraire, déterminées par la direction de ces objets ; ce qui fait qu'il est de toute impossibilité de leur assigner, par avance, des places précises par rapport au point de vue ou aux points de distance, si ce n'est qu'ils se trouvent comme eux sur la ligne d'horizon.

Il y a aussi des *points accidentels aériens*, et des *points accidentels terrestres*; les premiers sont ceux qui occupent une place dans l'espace au-dessus de la ligne d'horizon ; et les seconds, ceux qui en occupent une au-dessous de cette ligne. On doit comprendre qu'il serait encore plus difficile de préciser la place de ceux-ci, car ils montent ou descendent selon que les corps qui les déterminent sont plus ou moins inclinés en avant ou en arrière.

On nomme *points de concours* ou *points évanouissants*, tous ceux vers lesquels plusieurs lignes paraissent tendre à se réunir.

Les *lignes fuyantes* sont les lignes qui tendent toutes à un point et par la direction desquelles les objets semblent s'éloigner de nous.

Pour résumer ce qui précède, nous dirons : que par suite de ces dispositions for-

cées de lignes, toutes celles qui sont parallèles entre elles, dans la nature, cessent de le
paraître une fois mises en perspective, excepté les lignes horizontales et les lignes
verticales, qui n'éprouvent d'autre altéra-
tion que de paraître se rapprocher les unes
des autres à mesure qu'elles s'éloignent de
nous et qu'elles forment des angles dont
les sommets se trouvent ou au point de vue,
ou aux points de distance, ou enfin à l'un
de ceux qu'on nomme accidentels; selon la
direction que ces lignes ont sur le plan géométral et pour lesquels voici des règles générales :

Toute ligne formant, dans la nature, un
angle droit, ou de 90 degrés avec la ligne
de terre du tableau, doit aboutir au point
de vue; les lignes qui ne forment que des
angles de 45 degrés, ou moitié de l'angle
droit, doivent être dirigées vers l'un des
points de distance; et enfin, celles qui ne
forment ni un angle droit, ni un angle demi-
droit, toujours avec la base du tableau, déterminent, selon leur direction, la place des
points accidentels.

Lorsque ces lignes sont produites par des
objets posés sur le terrain perspectif, ou
qui lui sont parallèles, les points acciden-

tels donnés par ces lignes doivent se trouver sur la ligne d'horizon ; dans tout autre
cas, ces lignes déterminent des points accidentels aériens ou terrestres, selon que
les objets qui les produisent sont dirigés de
haut en bas, ou de bas en haut.

On doit comprendre alors que tous les
objets placés au-dessous de la ligne d'horizon
paraissant y monter, tous ceux placés au-
dessus paraissent y descendre ; ceux qui sont
à droite du tableau semblent se diriger vers
la gauche, et ceux de gauche vers la droite;
voilà tout le secret de la perspective. Mais,
de ce petit nombre de règles, dérivent des
applications nombreuses et quelquefois difficiles, qui nécessitent, pour être bien comprises, la pratique des principes de cette
science. Cependant, nous pensons que ceux
qui auront lu attentivement ceci, pourront
comprendre à quoi se résume la perspective, une des parties les plus importantes
de celles dont l'ensemble constitue l'art du
dessin et de la peinture.

APPLICATION

DES PRINCIPES DE LA PERSPECTIVE.

Du point de vue et des points de distance.

Fig. 1, *pl.* 29. Mettre en perspective le *carré géométral ABCE*, dont un des côtés est parallèle à la ligne de terre du tableau *HIJK*.

Soit *AB* le côté du carré. *AC* et *BE* étant perpendiculaires à la ligne de terre *HI*, doivent être dirigées au point de vue *V*, ce qui donne les lignes fuyantes *AV* et *BV*. Pour déterminer la profondeur apparente du carré, sur le plan perspectif, on tire du point *A* au point de distance *D*, la diagonale *AD* qui coupe la fuyante *BV* en un point *F*; et par ce point, menant la ligne *FG* parallèle à *AB*, on obtient le *carré perspectif* cherché. Cet exemple donne le moyen de faire la ligne fuyante perpendiculaire *FB*, égale à l'horizontale *AB*.

8*

Fig. 2, pl. 29. Mettre en perspective le carré géométral ABCE, *tourné sur l'un de ses angles.*

Il faut prendre la longueur de la diagonale *CE* ou *AB* du carré, et porter cette longueur sur la ligne de terre, de chaque côté du point *A*, pour avoir les points *F* et *G;* puis, des points *A* et *F*, on tire à l'un des points de distance *D* les lignes *FD*, *AD;* et des points *A* et *G*, à l'autre point de distance *D'*, les lignes *AD'*, *FD'*. Ces quatre lignes se coupant aux points *HIJ*, donnent le carré perspectif qui touche la ligne de terre par un de ses angles.

Fig. 3, pl. 29. Mettre en perspective le polygone octogone ABCEFGHI.

On enferme ce polygone dans le carré *JKLM*, et l'on met ce carré en perspective; de là, la figure *JKL'M'*, sur laquelle il s'agit de trouver les points qui doivent servir à tracer le polygone perspectif. Pour obtenir ces points, on opère ainsi : on prend la grandeur *AJ*, on la porte sur la ligne de terre de *J* en *N*, et de *K* en *O;* puis, on tire au point de distance D, la ligne ND qui coupe la fuyante en H', et l'horizontale $L'M'$ en B'; on mène au même point de distance D la ligne AD qui coupe la fuyante KV en C' et l'on a déjà les points H' B' et C'. Pour obtenir les autres, il faut mener au point de distance D', les lignes OD' et BD' qui, coupant les fuyantes JV et KV en I' et en E', et l'horizontale $L'M'$ en A', donnent ces derniers points; alors, joignant l'un à l'autre les points $ABE'C'B'A'$ $I'H'$ et A par des droites, on a l'octogone perspectif cherché.

Fig. 1, *pl.* 30. *Mettre en perspective le carré* ABCE *verticalement placé.*

Il faut, des points A et C, tirer des lignes au point de vue V, ce qui donne les fuyantes AV et CV; pour déterminer la profondeur apparente du carré, on prend la grandeur CE que l'on porte sur la ligne de terre de C en F; et, de ce point F, on tire au point de distance D la ligne FD qui coupe la fuyante CV en G; alors, de ce point G, on élève la ligne GH parallèle à CA, ce qui termine le carré vertical perspectif : pour le carré opposé, on fait la même opération en sens contraire.

Fig. 2, pl. 30. ***Mettre en perspective le carré*** ABCE ***verticalement placé sur l'un de ses angles.***

Il faut enfermer ce carré dans le carré *FGHI*. Des points *FAH* tirer au point de vue *V* les fuyantes *FV*, *AV* et *HV* ; puis, prendre la grandeur *IE* pour la porter deux fois sur la ligne de terre de *H* en *K* et avoir les points *K* et *J*; tirant ensuite de chacun de ces points de distance *D* les lignes *KD*, *JD*, ces lignes couperont la fuyante *HV* en deux points *H'E'*, desquels on élèvera les perpendiculaires parallèles *E'B'* et *H'F'* qui, rencontrant les fuyantes *AV* et *FV*, détermineront les points *B'A'E'* qui, avec le point *A*, formeront, étant joints par des lignes droites, le carré vertical perspectif posé sur l'angle.

Fig. 3, *pl.* 30. ***Mettre en perspective le polygone octogone*** ABCEFGHI ***verticalement placé.***

On doit, comme pour la figure précédente, enfermer celle-ci dans le carré *JKLM* et mener au point de vue *V* les fuyantes

JV, *AV*, *IV*, et *LV*; prendre ensuite la grandeur *MH* pour la porter sur la ligne de terre, de *L* en *P*, puis la grandeur *MH* sur celle de *L* en *O*; et enfin, la grandeur *MG* de *L* en *N*, toujours sur la ligne de terre. De ces points *N'O'P*, on tirera au point de distance *D* les lignes *PD*, *OD* et *ND* qui couperont la fuyante *LV* en trois points *L'H* et *G'*, desquels élevant les perpendiculaires parallèles *L'J'H'B'* et *G'C'* qui, rencontrant les fuyantes *IV*, *AV* et *JV*, détermineront les points *G'H'I'A'B'C'*; en y ajoutant les points *A* et *I*, on aura huit points qui, réunis par des droites tirées de l'un à l'autre, formeront l'octogone mis verticalement en perspective.

Fig. 1, pl. 31. Mettre en perspective un pavé composé de dalles carrées.

Il faut porter sur la ligne de terre autant de points à égale distance l'un de l'autre, que l'on veut avoir de dalles dans la largeur du tableau; et, de chacun de ces points, envoyer des lignes fuyantes au point de vue *V*. Pour déterminer la profondeur apparente de chaque rangée de dalles, on tirera du premier point à gauche du tableau, une diagonale qui, dirigée au point de distance de droite, coupera les fuyantes au point de vue; et, de chaque point d'intersection formé par le passage de cette diagonale sur les fuyantes, on mènera des horizontales parallèles à la ligne de terre qui donneront les carreaux cherchés.

Lorsque cette diagonale sort du tableau avant d'avoir déterminé toutes les rangées de dalles qui doivent remplir le terrain perspectif, il faut en tirer une seconde, toujours dirigée au même point de distance, et partant d'une des fuyantes de la rangée de dalles sur laquelle a cessé de passer la première diagonale.

Fig. 2, pl. 31. Mettre en perspective un pavé composé de dalles carrées tournées sur l'angle.

Pour ce pavé, comme pour le précédent, il faut porter sur la ligne de terre autant de points de division qu'il doit y avoir de pavés dans la largeur du tableau; mais, au lieu d'envoyer des lignes au point de vue, on tirera de chaque point de division des lignes aux deux points de distance, toujours placés l'un et l'autre sur la ligne d'horizon, et à égale distance du point de vue : ces diagonales, en se croisant, traceront les carreaux perspectifs vus sur l'angle.

Fig. 3, *pl.* 31. Cette opération est la même que celle de la *figure* 1 de la même planche ; seulement elle est un peu plus compliquée. Une fois les largeurs inégales des pavés alternativement placées sur la ligne de terre, on tirera, de chacun des points de division, des fuyantes au point de vue *V* ; puis, menant d'un de ces points une diagonale à l'un des points de distance, cette diagonale donnera, sur les fuyantes, des points d'intersection par lesquels doivent passer des horizontales parallèles à la ligne de terre, ce qui dessinera les pavés.

Fig. 1, *pl.* 32. Il en est de même de cette opération par rapport à celle de la figure 2 de la planche précédente ; les largeurs inégales des pavés étant déterminées sur la ligne de terre, à partir de tous ces points de division, seront tirées des lignes à chaque point de distance, et ces diagonales se croisant donneront ce pavé en perspective.

Fig. 2, pl. 32. Mettre en perspective des carreaux droits, dans lesquels il y en a d'autres plus petits qui se retournent sur l'angle.

Soient les parties égales *AC*, *DF*, *GI*, etc., pour les petits carreaux, et les parties *BEH*, etc., pour les grands; de tous les points des grands carreaux *BEH*, etc., il faut tirer au point de vue *V* des fuyantes; d'un de ces points comme *B*, mener une diagonale au point de distance, pour avoir des points d'intersection sur les fuyantes déterminant les profondeurs des grands carreaux; puis, des points *AC*, *DF*, *GI*, etc., mener des diagonales à chaque point de distance, pour obtenir les petits carreaux qui doivent être exactement dans les angles des grands, si l'opération est bien faite.

Fig. 3, pl. 32. Ce pavé est le même que le précédent; seulement, il est tourné en sens contraire. Pour l'obtenir, on fera le contraire de ce qu'on a fait pour l'autre : les grandeurs *BEH*, etc., des grands carreaux, et celles *AC*, *DF*, *GI*, etc., des petits, étant portées sur la ligne de terre, on tirera des points *BEH*, etc., des diagonales à chaque point de distance ; des points *AC*, *DF*, *GI*, etc., des fuyantes au point de vue : ainsi, les grands carreaux qui étaient parallèles à la ligne de terre viennent sur l'angle ; et les petits qui étaient sur l'angle deviennent parallèles à la ligne de terre.

Fig. 1, *pl.* 33. *Mettre en perspective le parquet représenté par cette figure.*

Il faut d'abord diviser la ligne de terre en autant de rangées de planches qu'on en doit mettre dans le tableau, comme *A*, *B*, *C*, *D*, *E* ; puis, de ces points, envoyer des fuyantes au point de vue *V* ; diviser ensuite chaque rangée de planches en trois parties égales, comme *F*, *G*, *D* ; et les lignes des planches qui composent ce parquet formant des angles de 45 degrés, seront envoyées de deux en deux rangées à l'un et à l'autre point de distance, de manière à se rencontrer comme dans le modèle.

Fig. 2, *pl.* 33. *Mettre en perspective un intérieur de chambre.*

On déterminera le rectangle *ABCD*, selon les proportions de la chambre à mettre en perspective ; puis, tirant de chaque angle de ce rectangle une diagonale dirigée au point de vue V, on aura les lignes fuyantes AV, BV, CV, DV ; et, pour déterminer la profondeur de cette chambre, on mènera du point A une ligne au point de distance opposé : cette ligne coupera la fuyante BV en E ; par ce point, on mènera l'horizontale EF parallèle à AB ; puis, des points EF on élèvera des perpendiculaires à AB qui couperont les fuyantes CV, DV en G et en H ; alors, joignant ces deux points par une parallèle à CD, on aura le plafond perspectif $CDGH$, le terrein perspectif $ABFE$, et les murs fuyants $ACFG$, $BDEH$ sur lesquels il s'agira de placer tous les détails de la figure suivante

Fig. 3, *pl.* 33. Nous donnons cette figure comme application des principes précédents, et, afin que les élèves soient obligés de se les rappeler, nous ne décrirons pas la manière d'en construire les détails qui peuvent tous l'être par l'application de ces principes.

Fig. 1, pl. 34. Mettre en perspective un escalier dont le profil est parallèle à la base du tableau ou ligne de terre.

Soit le profil compris entre les deux parallèles AC et BD inclinées, de sorte que les marches aient le double en profondeur de ce qu'elles ont en hauteur. De tous les sommets d'angles de ce profil, comme $CDEFAB$, etc., on tirera des fuyantes dirigées au point de vue V; puis, pour déterminer la longueur apparente des marches, sera portée sur le prolongement de DI, pied du profil, la longueur réelle de ces marches, pour avoir le point J duquel partira une ligne dirigée au point de distance : cette ligne, rencontrant la fuyante partant du point D, donnera le point d'intersection K, duquel s'élèvera la verticale KL; du point L on tirera une horizontale qui, rencontrant la fuyante partant du point F, donnera le point M, duquel on élèvera MN, etc., etc.; et l'on aura le second profil de l'escalier en perspective.

Fig. 2, pl. 34. Mettre en perspective un escalier vu de face.

Soit AB la hauteur de la première marche de cet escalier; du point B il faut élever une verticale indéfinie sur laquelle on portera autant de parties égales à AB que l'escalier devra avoir de marches; de tous ces points partiront des fuyantes au point de vue V. Et pour déterminer la profondeur apparente de chaque marche, il faudra opérer ainsi : après avoir tracé les horizontales partant des points A et B, et connaissant la profondeur réelle de la première marche, que l'on supposera être égale à deux fois sa hauteur, on portera cette dimension sur la partie supérieure de cette première marche comme BC; du point C, tirant une ligne au point de distance, elle coupera la deuxième fuyante en un point D duquel on élévera une verticale jusqu'à la rencontre de la troisième fuyante, ce qui déterminera la hauteur DE de la deuxième marche, que l'on dessinera en menant des horizontales partant des points DE. Prenant alors cette hauteur et la portant deux fois sur la partie supérieure de cette marche, on aura le point F duquel on mènera une deuxième ligne au point de distance pour avoir la profondeur apparente de cette seconde marche par le point d'intersection que formera cette ligne sur la troisième fuyante, et ainsi de suite, autant de fois qu'il y a de marches à l'escalier. Le second côté de cet escalier est soumis à la même opération faite en sens inverse.

Fig, 3, pl. 34. Mettre en perspective un escalier avec retour.

Soit *AB* la hauteur de la première marche et *BCHO* les profondeurs ; de ces points on tirera au point de vue *V* des lignes fuyantes, et du point *B* une ligne dirigée au point de distance ; du point d'intersection *D*, on mènera une horizontale prolongée en *DE* ; de ces points on tracera les verticales *EF*, *DG*, en faisant cette dernière égale à *EF* ; du point *G*, on mènera une horizontale ; des points *DG* des fuyantes au point de vue *V* ; du point *I*, la verticale *IJ* ; du point *J* une fuyante au point de vue *V*, et du point *G* au point de distance, la ligne *GK* ; du point d'intersection *K*, on mènera une horizontale que l'on prolongera en *KN* ; de ces points on tracera les verti-cales *NL*, *KM*, en faisant cette dernière égale à *NL*, et ainsi de suite pour chaque marche. Pour déterminer l'endroit où les marches fuyantes rencontrent celles qui sont parallèles à la base du tableau, d'un point pris sur le prolongement de la ligne du pied de la première marche, comme T, on tirera une ligne dirigée au point de distance, et l'on aura, par la rencontre de cette ligne et du pied de la première marche fuyante, le point P, duquel on élèvera la verticale PQ; du point Q partira une ligne dirigée au point de distance, et l'on aura e point R pour élever la verticale RS, etc. : alors, menant des horizontales par les points $PQRS$, elles formeront les marches parallèles à la base du tableau. Quant au côté fuyant opposé à celui que nous venons de décrire, l'opération est la même en sens contraire.

Fig. 1, *pl.* 35. *Mettre en perspective les arches d'un pont.*

Soit la ligne AB niveau de l'eau au pied des piles de ce pont. Des points CDE, placés sur cette ligne et considérés comme centres, on décrit les demi-cercles formant l'entrée des arches; ces demi-cercles, reposant sur la ligne AB, donnent encore les points d'intersection FG, HI, JK. De tous les points de la ligne AB, on mène des fuyantes au point de vue V, et pour déter-

miner la profondeur du dessous des arches,
cette profondeur étant égale à IH, du point
H on tire une ligne au point de distance :
cette ligne coupant la fuyante qui part du
point I, donne le point d'intersection L par
lequel on mène l'horizontale MN parallèle à
AB. On a alors, par le passage de cette
ligne sur toutes les fuyantes dirigées au point
de vue V, des points d'intersection qui servent à tracer les demi-cercles des extrémités au-dessous des arches, car les points
ORT sont les centres de ces demi-cercles.

Fig. 2, *pl.* 35. Ce dessin est donné comme
modèle pour l'application du principe ci-
dessus : ses arcades s'obtiennent par une
opération analogue à celle de la figure 1 de
la même planche.

Fig. 1, *pl.* 36. *Mettre en perspective des
cylindres couchés horizontalement et dirigés au point de vue.*

On tracera le cercle qui forme la base du
cylindre, ainsi que le diamètre vertical de ce
cercle ; puis, des points A et B on mènera
des lignes fuyantes au point de vue V. Pour
obtenir la longueur apparente du cylindre,
il faudra, connaissant cette longueur réelle,

la porter sur une ligne *BC* perpendiculaire au diamètre *DB*; alors, du point *C* tirant une ligne dirigée au point de distance, cette ligne coupera la fuyante partant du point *B* et donnera le point d'intersection *E* duquel s'élèvera une verticale qui, passant sur la fuyante partant du point *A*, donnera le point de centre *F* pour tracer avec le rayon *FE* le cercle de l'extrémité du cylindre qui se trouvera terminé en en traçant les lignes de côtés *GHIJ*.

Pour le cylindre vu de face, au lieu de mener la ligne *BC* par l'extrêmité du cercle, on la mènera par le centre *A*. Alors, la ligne dirigée au point de distance donnera, par son passage sur la fuyante partant du point *A*, le point de centre *F* du cercle de l'extrémité du cylindre, et le rayon de ce cercle sera déterminé par les fuyantes partant des extrémités du diamètre horizontal *BD* et rencontrant le diamètre du cercle dont *F* est le centre.

Fig. 2, pl. 36. Mettre un cercle en perspective sur un plan horizontal.

Il faut enfermer le cercle dans un carré dont un des côtés soit parallèle à la ligne de terre du tableau, puis tracer les deux diagonales AB et CD de ce carré ; on mènera aussi les deux diamètres EF, GH du cercle ; on tracera encore les lignes $IJKL$ parallèles à CA et BD, et passant par les points d'intersection des diagonales sur le cercle qui se trouvera ainsi coupé en huit points. Alors, des points $CJELB$, des fuyantes se dirigeront au point de vue V ; et du point C, menant une ligne au point de distance, cette ligne coupera en M la fuyante qui part du point B et se dirige au point de vue V : ainsi sera déterminée la profondeur apparente du carré sur le plan perspectif. On tracera l'horizontale MN parallèle à CB, et le diamètre BN se rencontrant avec CM donnera le point de centre du cercle perspectif. Par ce point de centre on mènera l'horizontale OP parallèle à NM, et l'on aura les huit points par lesquels on tracera le cercle perspectif qui, dans cet état, prend la forme d'une ellipse.

Fig. 3, *pl.* 36. *Mettre un cercle en perspective sur un plan vertical.*

Au lieu de mener verticalement les lignes passant par les points d'intersection du cer-

cle sur les diagonales, on les mènera horizontalement ; puis, l'on portera sur la ligne
de terre, à partir du point A, deux fois la
distance AB, ce qui donnera les points D,
E, desquels on tirera des lignes dirigées au
point de distance ; ces lignes couperont la
fuyante tirée du point A au point de vue V,
et donneront les points d'intersection FG,
desquels on élèvera les verticales GI, FH :
le reste de l'opération est tellement semblable à la précédente qu'il serait oiseux
d'en dire davantage.

Fig. 1, *pl.* 37. *Mettre des arcades en perspective.*

Soit à mettre en perspective, le plan
géométral $ABMN$ dans lequel se trouve le
demi-cercle CD dont E est le centre ; on
enferme ce demi-cercle dans le rectangle
$CDQR$, on y trace les diagonales $CRDQ$,
puis on mène l'horizontale, passant par les
points d'intersection du demi-cercle sur les
diagonales ; on porte ensuite, sur le prolongement de AB, autant de fois les points
de division $ACEDB$ du géométral, que l'on
veut avoir d'arcades en perspective, et l'on
a les points $FGHIJKL$, etc. ; de tous ces

points on tire des lignes dirigées au point de distance; ces lignes, rencontrant la fuyante au point de vue V, et partant du point A, donnent des points d'intersection desquels on élève autant de verticales, et l'on a, par leur rencontre avec les fuyantes au point de vue et partant des points OP, autant de rectangles perspectifs, tels que $CQRD$; alors, traçant dans chacun les deux diagonales, on obtient les points par lesquels devront passer les demi-cercles perspectifs formant les arcades.

Fig. 2, *pl.* 37. Ce dessin est donné comme modèle pour l'application de l'opération précédente; nous engageons de nouveau à ne pas négliger de faire les opérations sur de grandes proportions, pour faciliter le moyen de faire un plus grand nombre d'arcades fuyantes qu'il n'y en a dans ce dessin : on remarquera cependant en opérant, qu'en arrivant vers la huitième ou dixième arcade, les lignes se confondent tellement, qu'il n'est plus possible de les distinguer; alors, si l'on en a un plus grand nombre à mettre en perspective, on ne peut plus les faire que de sentiment et en ne se servant que des fuyantes dirigées au point de vue.

Ici se termine la série des planches représentant les opérations de perspective qui ne nécessitent que l'application des principes relatifs au point de vue et aux points de distance. Les figures des sept planches suivantes devraient donc, à la rigueur, être mises en perspective en se servant de points accidentels, puisque les lignes qui forment ces figures ne font ni des angles droits, ni des angles de 45 degrés avec la ligne de terre du tableau. Cependant, il est possible de faire ces opérations en ne se servant encore que du point de vue et des points de distance ; il y a même avantage à employer ce moyen, en ce qu'il est plus simple à comprendre et détermine précisément la direction des lignes de l'apparence perspective de ces figures ; car ces figures se trouvent encadrées dans d'autres dont les formes sont plus régulières, et par conséquent soumises à des opérations précises ; tandis que les lignes de ces figures ne déterminent, par leur apparence perspective, que des points accidentels qui, comme on le sait, ne sont soumis à aucune règle exacte ; il en résulte qu'en employant ce moyen, on ne peut jamais être bien certain de la direction que les lignes de ces figures doivent avoir quand elles sont mises en perspective.

Fig. 1, pl. 38. Mettre en perspective, sur un plan horizontal, un triangle scalène dont aucun des côtés n'est parallèle à la ligne de terre du tableau.

Soit le triangle ABC à mettre en perspective. On enferme cette figure dans le rectangle $DEFC$; des points $D'C$ on mène des fuyantes au point de vue V ; on élève, à partir du point B, une verticale parallèle à ED, ce qui donne le point G ; on prolonge ensuite indéfiniment la ligne F E. et du point E, comme centre, avec des ouvertures de compas égales à E D et à EA, on décrit les quarts de cironférence partant des points D et A, ce qui donnera les points HI, desquels on élèvera des verticales qui, rencontrant la ligne de terre du tableau, ou son prolongement, doivent déterminer les points JK ; tirant alors de ces points des lignes dirigées au point de distance, ces lignes, en coupant la fuyante DV, donnent les points $A'D'$. Par ce dernier, menant l'horizontale $D'C'$, on obtient l'*apparence perspective* du rectangle dans lequel, pour tracer le triangle perspectif cherché, on mène les lignes GA', GC', AC'.

Fig. 2, pl. 38. Mettre en perspective le même triangle, mais posé verticalement.

Soit à mettre en perspective le triangle *ABC* que l'on enferme dans le rectangle *DCEF*. Des points *DAE* on mène des fuyantes au point de vue *V*, puis on porte sur la ligne de terre du tableau, et à partir du point *E*, les distances *FB* et *FE*, pour obtenir les points *GH*, desquels on tire des lignes dirigées au point de distance; ces lignes, rencontrant la fuyante *EV*, doivent donner les points *IJ*; de ce dernier on élève la verticale *JL* qui, coupant la fuyante *AV*, donne le point *K*; alors, joignant par des lignes droites les points *IKD*, on forme le triangle perspectif demandé.

Fig. 3, pl. 38. Pour mettre en perspective cette figure, on se sert du moyen donné plus haut pour la *fig.* n° 1 de la même planche; la *fig.* n° 3 est plus compliquée, voilà toute la différence qui existe entre elles; du reste, la vue seule de l'opération doit suffire à qui a bien compris l'autre.

On obtiendra aussi par des opérations analogues, mais de plus en plus compliquées, la fig. 2 de la pl. 39, ainsi que les fig. 1 et 3 de la pl. 40.

Fig. 1, *pl*. 39. Il en est de même de celle-ci, ainsi que de la 3ᵉ de la même planche, et de la 2ᵉ de la pl. 40 ; on les trouve par des opérations semblables à celles décrites pour la fig. 2 de la pl. 38 ; seulement, elles seront aussi un peu plus compliquées d'une figure à l'autre, attendu que le nombre des lignes qui les composent est de plus en plus considérable.

Les figures des planches 41, 42, 43 et 44, sont données comme exercices pour l'application de ces opérations. Nous ne nous arrêterons pas non plus à décrire les moyens de les faire, parce que, comme nous l'avons déjà dit, il est bon que les élèves soient obligés de ne pas toujours compter sur leurs professeurs ; ils retiennent mieux une chose qu'ils ont été forcés de chercher eux-mêmes, que celle qu'on leur a présentée dégagée de difficultés.

Disons en passant quelques mots sur ce qu'on nomme, en perspective, les fractions de la distance, c'est-à-dire le moyen d'opérer à l'aide d'un point de distance qui ne soit pas en dehors du tableau, ce qui arrive presque toujours. Ce moyen consiste à ne prendre que la moitié, le quart ou le huitième de l'espace qui existe entre le point de vue et le point réel de distance. Il faut, dans ce cas, ne prendre de l'objet à mettre en perspective que la fraction qu'on a adoptée .pour l'éloignement du point de distance fictif; ainsi, par exemple, si ce point est placé au quart de l'éloignement réel du point de vue, on ne prendra aussi que le quart de l'objet, et ainsi de suite. Ce moyen, bon lorsqu'on n'a à mettre en perspective qu'un objet très simple, un carré par exemple, complique tellement l'opération dès qu'on l'applique à un sujet un peu varié, que nous n'avons pas pensé devoir l'admettre dans ce traité; nous ne le citons que pour qu'on ne puisse pas nous accuser de l'ignorer, et parce qu'on en a parlé dans tous les ouvrages qui ont précédé celui-ci; mais, nous le répétons, nous ne pensons pas qu'il soit nécessaire de le décrire plus amplement, attendu qu'on a trop rarement l'occasion d'en faire l'application.

DES POINTS ACCIDENTELS.

Fig. 1, pl. 45. Mettre en perspective, sur un plan horizontal, d'autres plans plus petits, tels que ceux qui sont représentés par cette figure, et qui ne sont dirigés ni au point de vue, ni à l'un des points de distance.

Soit le plan $ABCD$ à mettre en perspective. Si l'on a cette opération à faire dans une composition de tableau, on détermine à volonté la direction de la ligne AB, selon ce qu'on veut représenter. Si cette opération est faite d'après nature, on suppose la ligne AB, se prolongeant jusqu'à la ligne d'horizon; et l'endroit où elles se rencontrent est le point accidentel E, vers lequel doit tendre aussi la ligne CD; puis, pour avoir le point vers lequel doit se diriger la ligne AC, de manière à former un angle droit perspectif avec les lignes AB et CD, on porte sur la ligne d'horizon, et à partir du point E, un second point accidentel aussi éloigné du premier E, que les deux points de distance le sont l'un de l'autre : et ce second point accidentel est celui vers lequel doit tendre la ligne *AC*.

Fig. 2 , pl. 45. Mettre en perspective des plans inclinés en avant ou en arrière , mais posés dans une direction parallèle au terrain perspectif.

Soit, à mettre en perspective, le plan *ABCD*, posé sur le plan vertical *EFGH*, ensorte qu'il soit incliné en avant, ce qui détermine un point accidentel aérien. Du point de vue *V*, on élève une verticale indéfinie ; et, prolongeant la ligne *BD* jusqu'à ce qu'elle rencontre cette verticale, on obtient le point d'intersection *I* qui est le point *accidentel aérien* vers lequel doit tendre aussi la ligne *AC* ; alors, menant l'horizontale *AB*, selon l'enfoncement du plan *ABCD*, dans le tableau, et la ligne *CD* selon la longueur apparente de ce plan, il se trouve terminé.

Le plan *JKLM* reposant sur le plan vertical *NOPQ*, et incliné en sens contraire à l'autre, détermine par conséquent, un point *accidentel terrestre.* L'opération perspective est la même ; seulement on la fait en sens inverse, c'est-à-dire qu'au lieu d'é-

elever la verticale au-dessus du point de
vue, on l'abaisse au-dessous de ce point ;
ce qui fait, ainsi qu'on peut le voir, que
les lignes du côté du plan descendent au
lieu de monter.

*Fig. 3, pl. 45. Mettre en perspective un
mur qui n'est dirigé ni au point de vue,
ni à l'un des points de distance.*

Soit le pan de mur $ABCD$, dirigé de
sorte que son plan ne forme ni un angle
droit, ni un angle demi-droit avec la ligne
de terre du tableau ; ce pan de mur déterminera, alors, sur la ligne d'horizon, un
point accidentel qu'il s'agit de trouver. On
prolongera la ligne CD, jusqu'à sa rencontre
avec la ligne d'horizon, ce qui donnera le
point d'intersection E qui sera le point accidentel cherché et vers lequel devra tendre
aussi la ligne AB, si le mur est dans la nature aussi élevé en DB, qu'il l'est en AC,
et s'il est construit sur un terrain bien horizontal.

*Fig. 1, pl. 46. Mettre en perspective un
toit incliné, vu en fuite et posé sur un
pignon triangulaire ou en fronton.*

Soit le mur fuyant $ABCD$, que l'on supposera être en réalité égal à la ligne CF; on divisera cette ligne en deux parties égales pour avoir le point G; de ce dernier, menant une ligne dirigée au point de distance, cette ligne coupera la fuyante CD en H. De ce point, on élévera une verticale qui, rencontrant la fuyante AB, donnera le point I au-dessus duquel on portera la hauteur du fronton comme IJ; puis, élevant au-dessus du point de vue V une verticale indéfinie, et tirant, à partir du point A une ligne qui passe par le point J, et coupe la verticale en K, ce point sera le point accidentel aérien vers lequel devront tendre la ligne LM de l'autre extrémité du toit, et la ligne NO, base de la cheminée; alors, menant l'horizontale MJ et l'oblique JD, on aura le toit perspectif vu en fuite.

Il y a aussi, dans cette figure, la partie $PQRS$ du terrain qui suit un mouvement ascensionnel, ce qui donne aussi un point accidentel aérien. Pour trouver ce point, on prolonge la ligne SR jusqu'à ce qu'elle rencontre la verticale élevée du point de vue V, et l'on obtient le point T, vers lequel doit tendre PQ, ainsi que des lignes supérieures des pans de murs ou des édifices qui pourraient se trouver sur ce terrain, s'ils suivaient son mouvement ascensionnel.

Fig. 2, pl. 46. Mettre des portes en perspective.

Soit la porte $ABCD$, à laquelle il s'agit de mettre un battant qui puisse fermer son ouverture. On considère AC comme un point fixe sur lequel la porte se meut et par conséquent décrit, en se fermant et s'ouvrant, un demi-cercle dont le point A est le centre et AB le rayon. Pour obtenir le demi-cercle en perspective, on fait ainsi : des points A et B, on mène les horizontales BE, AF; du point de distance et par le point A, on mène une ligne qui coupe BE en E duquel part vers le point de vue V la fuyante EG, qui coupe l'horizontale AF en F; de ce point, on tire une ligne au point de distance et l'on obtient, sur le prolongement de AB, le point H duquel on mène une horizontale qui, par sa rencontre avec la fuyante EG, donne le point G. On a alors le rectangle perspectif $EBGH$ dans lequel on décrit le demi-cercle perspectif. Considérant ensuite que l'extrémité de la porte peut se trouver dans tous les points de

ce demi-cercle, on la détermine en *I*; de ce
point on élève la verticale *IJ*; puis du point
I, et par le point *A*, on mène une ligne
jusqu'à la rencontre de la ligne d'horizon,
ce qui donne un point accidentel duquel tirant une ligne qui, passant par le point *C*,
coupe la verticale *IJ* en *J*, si l'opération
a été bien faite ; ainsi on a la porte *CAJI*.

Il en sera de même de la porte *KLMN*,
dont l'extrémité est aussi déterminée par
un point pris sur le demi-cercle qu'elle décrit en s'ouvrant ou se fermant; de ce point,
on élève la verticale *KL*; puis, du point *K*
et par le point *N*, menant une ligne jusqu'à
la rencontre de la ligne d'horizon, l'on a un
point accidentel duquel, tirant une ligne
qui passe par le point *M* et coupe la verticale *KL* en *L*, ce qui termine la porte
KLMN.

Fig. 1, *pl.* 47. On opérera de même
pour cette figure que nous donnons comme
modèle pour l'application de ce principe,
et qui ne diffère de la précédente, qu'en ce
que les plans des murs ne forment ni des
angles droits, ni des angles demi-droits (de
45 degrés) avec la ligne de terre du tableau, ce qui fait que, par leur direction,
ces murs déterminent sur la ligne d'horizon
les points accidentels *A* et *A'*.

Fig. 2, pl. 47. Mettre en perspective une porte cintrée et à deux battants.

On suppose que ces deux battants se meuvent sur leur axe AB, CD, et ferment chacun la moitié de l'ouverture de la porte. Cette opération ne différant des précédentes que par le haut des portes, nous ne reviendrons pas sur le moyen d'obtenir les demi-cercles perspectifs décrits par chaque battant. D'un point pris sur chaque demi-cercle pour l'ouverture de ces battants, comme EF, on élève les deux verticales EM, FN; du point E et par le point A, on mène une ligne jusqu'à la rencontre de celle d'horizon: ainsi se trouve le point accidentel G, duquel on mène une ligne qui, passant par le point B, vient aboutir à la verticale élevée du point E, ce qui donne le point H; du même point G et passant par I, on mène une ligne qui détermine en M la hauteur que doit avoir le battant de droite de la porte. Du point F et par le point C, on mène une ligne jusqu'à la rencontre de la ligne d'horizon, ce qui donne le point accidentel J duquel on mène une ligne qui, passant par le point D, vient aboutir à la verticale élevée du point F, ce qui donne le point

K ; du même point *J* et passant par *L*, on mène une ligne qui détermine en *N*, la hauteur que doit avoir le battant de gauche de la figure. Du point *O*, centre du demi-cercle formant le cintre de l'ouverture de la porte, on mène les lignes *OI* et *OL* ; des points *P* et *Q*, donnés par le passage de ces lignes sur le demi-cercle, on mène les petites horizontales *QS* et *RP* ; puis, on trace les lignes *HI*, *KL*. Du point *G* et par le point *S*, on mène la ligne *ST* qui, par son passage sur *HI*, donne le point *X*. Du point *J* et par *R*, on mène la ligne *RU* qui, par son passage sur *KL*, donne le point *Y* ; il ne s'agit plus alors, pour terminer ces battants de porte, que de trouver les points 1 et 2, lesquels sont les centres des courbes qui doivent passer sur les points *BXM* et *DYN*. On se sert, pour trouver ces points, de l'opération géométrique qui enseigne le moyen de faire passer une courbe par trois points qui ne sont pas en ligne droite.

Fig. 1, pl. 48. Mettre en perspective un pavé hexagonal, dont les lignes diamétrales sont perpendiculaires à la ligne de terre du tableau.

Il faut d'abord déterminer sur la ligne

d'horizon, la place des points accidentels vers lesquels doivent tendre les diagonales de ce pavé ; or, ces diagonales formant avec la ligne de terre du tableau des angles de 30 degrés, doivent naturellement aboutir à des points plus éloignés du point de vue que ne le sont les points de distance, vers lesquels tendent les lignes formant des angles de 45 degrés. On porte donc les points accidentels de ce pavé, au-delà des points de distance, en sorte qu'ils en soient éloignés de la moitié de l'espace qui sépare ceux-ci du point de vue ; c'est-à-dire que les points de distance étant éloignés du point de vue de trois fois la grande proportion de l'objet principal du tableau, ces points accidentels doivent l'être de quatre fois et demie cette proportion. Ces points une fois déterminés, on porte sur la ligne de terre du tableau les demi-diagonales de la grandeur géométrale de l'un de ces pavés, comme *ABCDEF*, etc. ; des points *ACE*, etc., on tire des lignes dirigées vers chacun des points accidentels ; de tous les points ABCD, etc., on tire des lignes dirigées au point de vue et l'opération se trouve faite ; il ne reste plus qu'à passer la figure à l'encre, en ayant soin de ne marquer que les lignes de deux en deux intersections, tant celles qui sont dirigées aux points accidentels, que celles qui le sont au point de vue.

Fig. 2, pl. 48. Mettre en perspective le même pavé tourné de façon que ses lignes diamétrales soient parallèles à la ligne de terre du tableau.

On divisera en trois parties égales l'espace qui sépare le point de vue de l'un des points accidentels ci-dessus déterminés ; et le premier tiers de cet espace, à partir du point de vue, étant marqué de chaque côté de ce dernier, et toujours sur la ligne d'horizon, donnera les points accidentels vers lesquels on dirigera des lignes partant de tous les points portés sur la ligne de terre du tableau, lesquels points seront éloignés l'un de l'autre d'une distance égale à l'un des côtés de la figure géométrale de ce pavé. On aura le soin, en passant cette opération à l'encre, ainsi qu'on l'a fait pour la précédente, de ne marquer que les lignes de deux en deux intersections ; on aura alors ce pavé en perspective et tourné en sens contraire du précédent.

Fig. 3, pl. 48. Le pavé en perspective, représente par cette figure, s'obtient par la même opération que celle de la figure 1 de la même planche, dont il ne diffère qu'en ce que ce sont les diagonales des hexagones qui sont tracées, ce qui forme les petits triangles équilatéraux entrelacés avec des hexagones.

Fig. 1, *pl.* 49. Il en est de même de cette figure qui représente le même pavé tourné en sens contraire de celui de la figure 3 de la planche précédente. On se sert. pour le faire, de l'opération décrite pour la deuxième figure de la pl. 48. Au reste. la vue seule de ces deux dernières opérations suffit pour en donner l'intelligence. une fois les places des points accidentels déterminées.

PERSPECTIVE DES SOLIDES.

Jusqu'à présent, nous ne nous sommes occupés que de la perspective des figures planes, soit dans une position verticale. soit dans une position horizontale. Comme nous voici bientôt arrivés à la perspective des ombres portées, qui sont produites par l'interception du passage des rayons lumineux provenant d'un foyer de lumière quelconque, et que cette interception a lieu par l'interposition d'un solide entre le foyer lumineux et le plan sur lequel repose ce solide, ou devant lequel il se trouve placé; il faut, pour bien comprendre la perspective des ombres portées, savoir aussi comment on élève un solide quelconque sur son plan : opération qu'on a même souvent à faire sans que, pour cela, on ait à déterminer l'ombre de ce solide.

Fig. 2, pl. 49. Elever un solide sur son plan perspectif.

Soit ABC le plan géométral du solide à mettre en perspective. On enferme ce plan dans le carré BDEF, puis on met cette figure en perspective, ce qui donne les points D D'A'E'C'C desquels on élève autant de verticales indéfinies; et, portant la hauteur du solide sur les deux verticales qui partent de *DE*, les points en apparence les plus rapprochés du spectateur, on a les points *GH* que l'on joint par une horizontale de laquelle il s'agit de mener un plan parallèle au terrain perspectif sur lequel est posé le solide. Du point *H*, on mène au point de vue I une fuyante qui coupe en I la verticale élevée du point D'; du point G. on mène au point de vue V une seconde fuyante qui coupe en J la verticale élevée de E' et l'on joint IJ par une horizontale. ce qui donne le carré perspectif $GHIJ$ dont les lignes de côtés rencontrant les verticales élevées de $A'C'$ déterminent les points KL qui, avec le point H, servent à tracer la partie supérieure perspective du solide.

On obtiendra, au moyen d'opérations analogues à celles-ci, les solides en perspective représentés par les figures 3, 4 et 5 de la même planche; seulement, elles seront de plus en plus compliquées, puisque ces solides ont un plus grand nombre de faces.

Il en est de même des prismes en perspective, représentés par les figures 1, 2. 3 et 4 de la pl. 50, qui ne diffèrent de ces solides qu'en ce que leurs faces supérieures se trouvant plus élevées que le point de vue. paraissent descendre vers ce point; tandis que celles des solides désignés ci-dessus. étant plus bas que ce point, semblent y monter; ce qui confirme la règle posée au commencement de ce traité. où il est dit : « que tout plan parallèle au terrain perspectif d'un tableau, et situé plus haut que le point de vue, doit être dirigée vers ce point.

Fig. 1, pl. 51. Mettre en perspective un cône dont la base est une circonférence de cercle.

Soit pour base de ce cône le cercle enfermé dans le carré ABCD. On mettra cette figure en perspective; et, du point du centre *E*, on élèvera une verticale sur laquelle on portera la hauteur que doit avoir le cône, ce qui donnera le sommet auquel devront aboutir les lignes des côtés du solide.

Fig. 2, pl. 51. Mettre une pyramide en perspective.

Soit pour le plan de la pyramide le carré géométral ABCD, que l'on enferme dans le carré EFGH. On mettra cette figure en perspective, et du point de centre *I* du carré perspectif ou élèvera une verticale sur laquelle on portera la hauteur de la pyramide, ce qui en donnera le sommet vers lequel seront dirigées les lignes partant de tous les points du plan perspectif et représentant les

arètes où se joignent les faces de la pyramide.

La même opération sert à mettre en perspective des pyramides ayant quel nombre
de côtés que ce soit; il suffit, pour avoir le
point de centre de leurs plans perspectifs,
de tirer des lignes joignant leurs angles
diamétralement opposés, et le point où ces
lignes se croisent est celui d'où l'on élève
la verticale sur laquelle on détermine par
un point le sommet de la pyramide.

Les figures 3 et 4 de la même planche
étant données comme modèles pour l'application des opérations relatives à l'élévation des solides sur leurs plans, nous ne
donnerons pas la manière de les construire,
la vue seule de ces figures suffira pour en
donner l'intelligence.

Nous engageons ceux qui voudront devenir bons praticiens, à se proposer comme
problêmes à résoudre, la mise en perspective de toutes sortes de solides, ayant soin
de les exécuter sur de grandes proportions.

PERSPECTIVE DES OMBRES PORTÉES.

Ainsi que nous l'avons dit plus haut, les
ombres portées ne sont autre chose que le

résultat de l'interception du passage des rayons lumineux par un corps opaque quelconque. Ces ombres sont soumises, ainsi que les corps qui les produisent, aux règles de la perspective, qui donnent le moyen de reproduire exactement la direction, la longueur et la largeur apparentes de ces ombres, soit que les surfaces sur lesquelles ces ombres se projettent soient planes, courbes, ou inclinées en quel sens que ce soit.

Une chose que chacun a dû remarquer, c'est que ces ombres se projettent toujours à l'opposé de la lumière qui les produit; soit que celle-ci émane du soleil, de la lune, ou d'un moyen quelconque d'éclairage factice. Lorsque cette lumière est d'un volume plus considérable que le corps qu'elle éclaire, l'ombre de ce corps forme une pyramide dont il est la base; si, au contraire, ce corps est plus grand que la lumière qui l'éclaire, son ombre forme une pyramide tronquée dont il est le sommet; et lorsqu'ils sont tous deux de même dimension, l'ombre se trouve comprise dans des lignes parallèles : les ombres produites par des objets exposés aux rayons lumineux du soleil ou de la lune, sont dans ce cas, quoique ces corps lumineux soient en réalité beaucoup

plus gros que ces objets; mais, vu l'é-
norme éloignement de ces astres et la peti-
tesse des objets qu'ils éclairent, leurs rayons
ne peuvent former des angles appréciables.
On peut se rendre compte de ceci en mesu-
rant l'ombre portée d'une borne isolée ; on
verra que la largeur de cette ombre est la
même que celle du diamètre de cette borne.
Il n'en est pas de même de la longueur des
ombres, qui varie suivant l'élévation plus
ou moins considérable des astres au-dessus
de l'horizon ; ce que chacun a pu observer.

Il faut aussi remarquer que la lumière
peut être placée de différentes manières,
suivant le point que l'astre ou le flambeau
qui la produit, occupe, soit en dedans, soit
en dehors du tableau, à droite ou à gauche
du spectateur, devant ou derrière lui, et
en un point qui se rapproche plus ou moins
du milieu du tableau.

Quand le soleil est dans le plan du tableau, ou de côté, l'ombre portée d'une
ligne verticale sur un plan horizontal, donne
une ligne parallèle à la ligne de terre, et la
longueur de cette ombre, se trouve déterminée sur ce plan horizontal par sa rencontre avec la ligne partant du centre de
l'astre, et passant par l'extrémité de la ver-

ticale. Dans ce cas, tous les rayons lumineux sont parallèles entre eux, tandis que quand l'astre se trouve devant ou derrière le spectateur, ces rayons ne semblent plus être parallèles à cause de leur effet perspectif qui les fait paraître se réunir au centre de l'astre. L'opération alors se fait différemment, car il faut trouver un point accidentel pour avoir la direction de l'apparence de l'ombre qui subit une déformation par la fuite du plan perspectif sur lequel cette ombre se projette.

Lorsque l'astre est dans le fond du tableau, ou, ce qui revient au même, devant le spectateur, on obtient ce point en abaissant une verticale du centre de l'astre jusque sur la ligne d'horizon ; ce point se nomme pied de la lumière, et c'est vers lui que sont dirigées les ombres portées par les surfaces verticales des objets opposés à la direction des rayons lumineux.

Lorsque l'astre est derrière le spectateur, ou, ce qui revient au même, devant le tableau, ses rayons sont, comme dans le cas précédent, parallèles - fuyants, et doivent en conséquence se réunir en un point que l'on porte autant au-dessous de l'horizon que l'astre est au-dessus, et sur le prolongement de la ligne verticale partant du point central de l'astre. La raison qui oblige à porter ce point au-dessous de l'horizon est celle-ci : Lorsque l'astre est supposé dans le fond du tableau, on peut toujours placer le point central de cet astre sur la surface même du tableau ou sur son prolongement ; tandis que si le soleil est derrière le spectateur on n'a rien pour en déterminer la place. Or, n'ayant pas la possibilité de se servir du point de départ des rayons lumineux, il ne reste que celle d'employer le point vers lequel ils paraissent se réunir, point qui ne peut se trouver qu'au-dessous de la ligne d'horizon et du côté opposé à l'astre, puisque cet astre est au-dessus de cette ligne et que, par conséquent, ses rayons lumineux viennent de haut en bas.

On nomme foyer de la lumière le point d'où partent les rayons lumineux.

Lorsque les objets sont éclairés par une lumière factice quelconque, il faut toujour déterminer le pied de cette lumière, parc qu'alors les rayons partant du foyer lumie neux ne peuvent jamais être parallèles, a tendu la disproportion des corps éclairant et des corps éclairés, et leur distance res pective plus ou moins grande, toutes cau ses qui doivent scrupuleusement être prises en considération.

Passons maintenant à l'application de ces principes. Nous donnons pour cela une série de planches que nous avons classées de manière à faire passer progressivement par toutes les difficultés de la perspective des ombres portées. Plusieurs des figures qui composent ces planches ont été en partie extraites du traité de perspective de Jeaurat, ouvrage excellent quoique ancien, et qui serait encore le meilleur traité de perspective à mettre entre les mains des élèves, si la plupart des démonstrations qui accompagnent les figures n'étaient pas basées sur des opérations de géométrie trop compliquées.

DES OMBRES PORTÉES PAR LES ASTRES.

Le soleil étant dans le plan du tableau, déterminer, sur un terrain perspectif, l'ombre portée d'un bâton dressé verticament sur ce terrain.

Fig. 1 , *pl.* 52. Soit *AB* ce bâton ; du point *B*, mener la ligne *BC*, parallèle à la ligne de terre ; puis, selon la hauteur de l'astre au-dessus de l'horizon, mener une ligne oblique passant par A, rencontrant la parallèle BC en C, et déterminant l'ombre portée du bâton sur le terrain perspectif.

Le soleil étant dans le plan du tableau, déterminer, sur un terrain perspectif, l'ombre portée d'un parallélipipède.

Fig. 1, *pl.* 52. Soit le parallépipède $DEFG$. Des points D et I, mener des horizontales ; puis, selon la hauteur de l'astre au-dessus de l'horizon, mener des lignes obliques parallèles passant par les points HF et se prolongeant jusqu'à la rencontre des horizontales, ce qui donne les points JK que l'on joint par une ligne droite. Cette ligne, si l'opération est bien faite, doit tendre au point de vue V, ce qui détermine l'ombre portée du parallélipipède.

Le soleil étant dans le plan du tableau, déterminer l'ombre portée sur un terrain perspectif, d'un mur fuyant et surmonté d'un fronton.

Fig. 1, *pl.* 52. Des points $POML$, mener sur le terrain des horizontales indéfi-

nies ; puis, toujours selon la hauteur de
l'astre sur l'horizon, mener des lignes obliques parallèles passant par les points $P'O'$
$M'L'$ et prolongées jusqu'à la rencontre des
horizontales, pour avoir les points $TSRQL$
qui, joints par des droites, déterminent la
forme apparente perspective de l'ombre
cherchée.

L'ombre portée du pan de mur fuyant
$X'U'$ XU sur le mur parallèle à la ligne de
terre du tableau, se trouve déterminée par
la direction du rayon lumineux passant par
le point X' et dont le prolongement, rencontrant l'horizontale partant du point X,
détermine sur le terrain perspectif la longueur de l'ombre portée de la ligne XX' du
mur fuyant $X'U'$ XU; ce qui donne le
point Y duquel on tire une ligne partant du
point de vue V, qui doit se rencontrer, si
l'opération est bonne, avec le point d'intersection Z, produit par la jonction du rayon
lumineux passant par U' et l'horizontale
menée du point U; ce qui prouve que la ligne $X'U'$ étant dirigée au point de vue V,
l'ombre portée de cette ligne sur le terrain
perspectif doit aussi l'être vers ce point.

L'ombre portée de la ligne, 1, 2, de la
cheminée élevée sur le toit de la maison,

serait aussi dirigée vers le point de vue , si cette ombre se projettait sur un plan horizontal ; mais, comme elle est projetée sur un plan qui suit un mouvement ascensionnel, le rayon lumineux passant par le point 1, se trouve coupé plus tôt qu'il ne le serait par un plan parallèle au terrain perspectif ; et pour cela, cette ombre ne peut tendre au point de vue.

Le soleil étant dans le fond du tableau, ou, ce qui revient au même, devant le spectateur, déterminer l'ombre portée d'un bâton dressé verticalement sur le terrain.

Fig. 2, *pl.* 52. Soit *AB* le bâton dont il s'agit de déterminer l'ombre portée. On place, avant tout, le point du centre de l'astre comme en *N ;* de ce point, on abaisse une verticale sur la ligne d'horizon, ce qui donne le point *N'* que l'on nomme, ainsi que nous l'avons dit, *pied de la lumière.* De ce point *N'* et par le bas des deux côtés du bâton, on mène deux lignes prolongées indéfiniment sur le terrain perspectif ; du point *N*, centre de l'astre, et par le haut de chaque côté du bâton, on fait passer des rayons lumineux jusqu'à leur rencontre avec les deux lignes dirigées au pied de la lumière, ce qui donne l'extrémité C de l'ombre portée par le bâton sur le terrain perspectif.

Le soleil étant dans le fond du tableau, déterminer sur le terrain perspectif l'ombre portée d'un parallélipède.

Fig. 2, *pl.* 52. Soit $DEFG$ le parallélipipède dont il s'agit de déterminer l'ombre portée. Le point N, centre de l'astre, et le pied de la lumière étant trouvés, on mènera, du bas des verticales de chaque face opposée du solide, à la direction des rayons lumineux comme IDE, des lignes partant du pied de la lumière N' et se prolongeant indéfiniment sur le terrain perspectif; puis du point N, centre de l'astre, on mènera autant de rayons lumineux qu'on a tiré de lignes partant du bas des verticales, comme GFH; ces rayons, passant par les extrémités de ces verticales, et rencontrant les lignes du terrain perspectif, donneront les points IKJ qui, joints par des droites, détermineront l'ombre cherchée. On remarquera que la ligne FG étant horizontale, a pour ombre portée la ligne KL aussi horizontale; et que *FH*, se dirigeant au point de vue *V*, a pour ombre portée *KJ* dirigée aussi vers ce point; ce qui prouve que, dans la nature, les lignes des ombres sont toujours parallèles à celles des corps qui les produisent, lorsque ces ombres se projettent sur des surfaces parallèles à celles de ces corps.

Si l'on a bien compris cette opération, il sera facile, par une autre qui lui est analogue, mais plus compliquée, d'obtenir l'ombre portée de la maison et des murs qui l'accompagnent, représentés par cette figure. Nous ne décrirons pas cette opération afin d'obliger les élèves à la trouver eux-mêmes : au reste, la vue des lignes qui servent à la faire, suffira pour en donner l'intelligence, ou pour aider à rectifier les erreurs dans lesquelles on pourrait tomber en opérant.

Le soleil étant derrière le spectateur, ou, ce qui est la même chose, devant le tableau, déterminer, sur le terrain perspectif, l'ombre portée d'un bâton dressé verticalement.

Fig. 1, *pl.* 53. Soit *AB* le bâton dont il s'agit de déterminer l'ombre. On commence par fixer le point de centre de l'astre, selon son élévation au dessus de l'horizon comme N; puis, de ce point, on abaisse une verticale indéfinie qui, par sa rencontre avec la ligne d'horizon, donne le point N' au-dessous duquel on porte, sur la verticale, le point N'' aussi distant du point N' que celui-ci l'est de N. Des deux côtés du bâton, sur le terrain, on mène des lignes au point N', ce qui donne la direction de l'ombre; pour déterminer la longueur apparente qu'elle doit avoir, on mène, des deux côtés du haut de ce bâton, des lignes dirigées au point N''; ces lignes représentent les rayons partant du centre de l'astre et se rencontrant en C avec les lignes dirigées sur N', on a la longueur perspective de l'ombre du bâton.

Le soleil étant derrière le spectateur, déterminer, sur le terrain perspectif, l'ombre portée d'un parallélipipède.

Fig. 1 *pl.* 53. Soit $DEFG$ le parallélipipède dont il s'agit de déterminer l'ombre portée. Le point N' vers lequel tendent les ombres, et le point N'', réunion des rayons lumineux qui partent de l'astre, étant trouvés;

des points *DIE*, extrémités inférieures des verticales des faces du solide opposées à la direction des rayons lumineux, on mènera des lignes au point *N'*; ces lignes donneront la direction de l'ombre dont la longueur sera déterminée par des rayons passant par *HFG* et rencontrant les lignes qu'on a tirées du bas des verticales dont ces points sont les extrémités; on a alors les points d'intersection *JKL* qui, joints par des droites, forment, sur le terrain perspectif, l'ombre portée du parallélipipède dont une partie se trouve cachée par ce solide, cette ombre se projettant derrière lui.

L'opération à faire pour trouver l'ombre portée de la maison et des murs qui l'accompagnent, représentés par cette figure, étant tout à fait semblable à celle que nous venons de décrire, il n'est pas nécessaire de nous y arrêter davantage; d'ailleurs, la seule vue de ce dessin suffit pour faire comprendre comment on s'y prendra pour exécuter cette opération. On remarquera que cette figure, ainsi que les deux de la planche précédente, sont composées des mêmes motifs, ce que nous avons fait avec intention, afin qu'on vît la différence des ombres portées produites par un même objet éclairé en différents sens.

*Le soleil étant dans le plan du tableau,
déterminer l'ombre portée d'un parallélipipède vu par l'angle et reposant sur
une marche.*

Fig. 2, pl. 53. Soit *ABCE*, le parallélipipède dont il s'agit de tracer l'ombre. Des
points *CEG*, on mènera des horizontales qui,
rencontrant la ligne *QX*, arète de la marche,
donneront les points *HIJ*, desquels on abaissera les verticales *HM*, *IL*, *JK*; des points
KLM, on mènera des horizontales qui seront coupées par leur rencontre avec les
rayons parallèles passant par les points *ABF*,
ce qui donnera les points *NOP*, qui, réunis
par des droites, termineront la forme de
l'ombre du solide. Il faut remarquer que les
lignes *BF* et *AB* étant dirigées à chacun
des points de distance, ont pour ombres
portées les lignes *ON*, *PO* dirigées aussi
vers ces points, si l'opération est bien faite.
Pour obtenir les ombres portées par les marches, on mènera, des points *TQ*, des rayons
parallèles aux premiers, ce qui donnera sur
les horizontales partant du pied de ces marches, les points *US*; de ces points, on mènera des lignes au point de vue *V*, pour dé-

terminer les ombres portées de ces marches, qui sont dirigées vers le point de vue : la ligne SY devra se rencontrer en Y sur l'horizontale partant du pied de la marche, avec le rayon passant par X.

Le soleil étant dans le plan du tableau, déterminer l'ombre portée d'un parallélipipède sur un cylindre couché horizontalement et dirigé au point de vue.

Fig. 1, *pl.* 54. Soit $ABCE$ le parallélipipède dont il s'agit de déterminer l'ombre sur le cylindre. Des points FE, on mène les horizontales FL, EM; du point N, centre du cercle qui est la base du cylindre, et par son plan O, on tire au point de vue V, les lignes NP, OL; des intersections de la ligne OL avec les horizontales EM, FL, on élève les perpendiculaires MQ, LP qui seront terminées en PQ par la ligne partant du centre N; des points PQ, comme centres, et des ouvertures QM, PL, on décrit les cercles HJL, IKM qui seront terminés par les rayons parallèles GH, BI.

Le soleil étant dans le plan du tableau, dé-
terminer, sur un plan parallélipipède,
l'ombre portée d'un bâton posé oblique-
ment.

***Fig. 2, pl.* 54.** Soit *A* le bout du bâton
dans l'encoignure *AC* du mur ; *M*, l'autre
bout du bâton sur le prolongement de *HI*
et *MC*, le plan de ce bâton sur le terrain
perspectif. Du point *A*, l'on abaissera la ligne
AB, pour l'inclinaison proposée des rayons ;
du point *M* au point *B*, on tracera la ligne
MLB pour l'ombre du bâton, ne supposant
aucun retour de mur ; du point *J*, retour du
mur, on tracera l'ombre du bâton *AJ*, sur
le retour de ce mur ; du point d'intersection
K, plan du bâton, on élèvera la verticale
KO ; et de *L*, point d'intersection de l'ombre avec le corps, on tirera l'ombre *LP* au
point O ; du point *Q* on prolongera la parallèle *QF* ; du point *F*, on tirera au point de
vue *V*, et par le point d'intersection *E*, et
du point d'ombre *P*, on tirera l'ombre
PE, sur le parallélipipède ; du point *Q*, on
abaissera le rayon *QR*, parallèle au rayon
AB ; du point *R*, on tirera, au point de
vue *V*, l'ombre du parallélipipède sur le
retour du mur.

Le soleil étant dans le fond du tableau, déterminer, sur le terrain perspectif, l'ombre portée d'un solide dont le plan est un hexagone irrégulier et projetant, par conséquent, son ombre en avant de lui.

Fig. 1, *pl.* 51. Soit A, le centre de l'astre d'où partent les rayons, et B, le pied de lumière vers lequel tendent les ombres portées des surfaces verticales du solide opposées à la direction des rayons. Des points $GHIJ$, et par le point B, on mène les lignes GK, HL, IM, JN; du point A et par les points $CDEF$, on trace les rayons qui, coupant les lignes partant des points $GHIJ$, terminent l'ombre $GKLMNJ$.

Le soleil étant devant le tableau, déterminer, sur les marches d'un escalier, l'ombre portée d'une croix placée parallèlement devant cet escalier.

Fig. 2, *pl.* 55. Soit le point A, où se réunissent les rayons partant de l'astre, et le point B, où se réunissent les lignes fuyantes de l'ombre portée par la croix. Des points du plan de la croix, comme *CDEF GHI*, on mène des lignes vers le point *B* jusqu'à la rencontre du pied de la première marche ; de tous ces points, comme *J*, etc., on élève des verticales *JK* ; des points *K*, etc., on mène des lignes au point *B* ; et ainsi de suite jusqu'au haut des marches. De tous les points de la croix, comme *Q RS*, etc., on tire ensuite des rayons au point *A* : ces rayons, coupant les lignes du plan de la croix qui leur sont correspondantes, forment l'ombre de la croix proposée.

Le soleil étant devant le tableau, déterminer sur un plan incliné l'ombre portée d'un parallélipipède.

Fig. 1, *pl.* 56. Le talus *JK* étant parallèle dans son plan, il ne faudra que mener, du point de vue *V*, la ligne *VL* parallèle au profil *JK* du talus, pour avoir le point *L* vers lequel devront tendre les fuyantes de la partie de l'ombre portée qui se trouve sur le talus ; des points *DEF*, on mènera au point *M*, réunion des lignes fuyantes de l'ombre portée sur le plan horizontal, les lignes *DG*, *EO*, *FP* ; des points OP, mener au point L, les lignes OH, PI; des points ABC, au point N, réunion des rayons de l'astre, mener les lignes AG, BH, CI; du point G, mener l'horizontale GQ, en joignant QH et HI, ce qui termine l'ombre portée cherchée : on remarquera que la ligne CB, dirigée au point de vue V, a, pour ombre portée, sur le talus, la ligne HI, dirigée aussi vers ce point.

Fig. 2, *pl.* 56. On fait cette opération par le moyen que l'on a suivi pour la précédente, dont elle ne diffère que parce que le talus étant dirigé en sens contraire aux rayons lumineux, oblige à mettre le point L, au-dessus de l'horizon au lieu de le mettre au-dessous; et détermine, sur le terrain perspectif, une ombre portée que l'on obtient de la manière suivante : des points ST on mène au point M les lignes SX, TY; des points QRK on mène au point N les rayons QU, RX, RY, et, tirant au point de vue V la ligne YX, puis, traçant l'horizontale qui part du point U, on détermine l'ombre portée du talus sur le terrain perspectif.

Le soleil étant dans le fond du tableau, déterminer sur le plancher d'une chambre la partie qui doit être éclairée par l'ouverture d'une fenêtre.

Fig. 1, *pl.* 57. On commencera, ainsi qu'on l'a fait jusqu'à présent, par déterminer le point de centre de l'astre comme *A;* et, verticalement au-dessous de lui, sur la ligne d'horizon, le point *B*, pied de la lumière. Des points *CE*, on abaissera les verticales *CD*, *EF;* du point *B* et passant par les points *DF*, on mènera les lignes *DJ*, *FL;* du point *A*, seront menés des rayons passant par les points *GHCE*, que l'on prolongera jusqu'à ce qu'ils rencontrent les lignes dirigées au point *B*, et l'on aura par leur intersection les points *IJLK*, qui, joints par des droites, détermineront sur le plancher la partie éclairée par l'ouverture de la fenêtre. Quant à l'ombre portée du parallélipipède qui se trouve dans cette figure, ayant précédemment donné le moyen d'en obtenir de semblables, nous croyons qu'il est inutile de revenir sur ce principe.

Fig. 2, *pl.* 57. Cette figure ne diffère de la précédente que parce que le soleil se trouve de l'autre côté du point de vue, ce qui fait que ses rayons se projettent en sens opposé. Nous donnons cette figure comme modèle pour l'application du moyen de déterminer la partie éclairée d'une chambre, par le passage des rayons de l'astre par une ouverture quelconque, porte ou fenêtre : au reste, la vue seule des lignes de l'opération suffit pour indiquer comment on doit s'y prendre pour le faire.

DES OMBRES PORTÉES PAR DES LUMIÈRES FACTICES.

Ainsi que nous l'avons déjà dit plusieurs fois, quelle que soit la place qu'occupe le foyer de lumière, par rapport à l'objet qu'il éclaire, il faut toujours déterminer le pied de cette lumière, vers lequel sont dirigés les sommets des ombres portées par les corps éclairés. On remarquera aussi que le foyer des lumières artificielles étant ordinairement plus petit que ne le sont les corps éclairés et souvent très rapprochés de ces corps, les rayons divergent d'une manière d'autant plus notable, que le foyer de lumière est plus petit et plus rapproché du corps qui en reçoit les rayons.

Le flambeau étant en avant d'un parallélipipède, déterminer l'ombre portée par ce corps sur un plan vertical fuyant ou parallèle à la ligne de terre du tableau.

Fig. 1 , *pl.* 58. Du pied B, du flambeau et par les points du plan des objets comme $CDEFGH$, on mène des lignes jusqu'à la rencontre du point vertical, ce qui donne les points $OQSUY1$; de chacun on élève les verticales OP, QR, ST, UX, YZ, 1, 2, qui sont terminés par les points d'intersection $PRTXZ2$, qu'elles forment avec les rayons partant du point A, centre du foyer lumineux et passant par les points $IJKLMN$ qui sont les extrémités des lignes formant les faces du corps opposées à la direction des points lumineux.

Si l'opération est bien faite, la ligne PR, ombre de IJ, dirigée au point de vue V, le sera aussi vers ce point; et RT, ombre de l'horizontale JK, sera dirigée au point 3, *transposition du flambeau.* On nomme ainsi le point du plan vertical qui répond perpendiculairement au flambeau, lequel point est

201

au point lumineux ce que le point de vue est
à l'œil du spectateur. Ainsi, pour avoir cette
transposition dans un plan dirigé au point de
vue, il faudra mener une parallèle des
points lumineux jusqu'à la section du plan;
et, au contraire, dans les plans parallèles,
il faudra tirer du point lumineux au point
de vue pour avoir le point cherché, tel que
3, qui est pour le plan dirigé au point de
vue ce que le point 4 est pour le plan parallèle; d'où il suit que l'ombre $Z2$, qui est
celle d'une ligne dirigée au point de vue,
doit l'être au point 4; et que l'ombre XZ,
provenant de l'horizontale LM, doit l'être
aussi.

*Le flambeau étant en avant d'un parallé-
lipipède, déterminer l'ombre portée par
ce corps sur un cylindre couché horizontalement et dirigé au point de vue.*

Fig. 2, pl. 58. Du point de centre F,
on abaissera le rayon vertical FG; de ces
deux points on mènera des lignes au point
de vue V, ce qui donnera l'échelle fuyante
FG, HI. du point B, pied du flambeau, et
par les points CDE du plant de l'objet, on
mènera des lignes jusqu'à la rencontre de

la fuyante *GI*, plan du cylindre, ce qui donnera les points *JKL* desquels on élèvera des rayons paralèlles à *GF* pour avoir sur la fuyante *FH*, les points *MNO* qui sont les centres des courbes *JS*, *KT*, *LU*, formées par l'ombre portée du parallèlipipède sur le cylindre, lesquelles courbes rencontrant en *STU* les rayons partant du foyer de lumière *A*, et passant par les points *PQR*, déterminent l'ombre portée cherchée, en menant la droite *ST*, et la courbe *TU* dont *L* est le centre.

La lumière étant en un point déterminé sur le côté d'un escalier, trouver celles des marches de cet escalier qui doivent être éclairées ou dans l'ombre.

Fig. 3, *pl.* 58. Soit *A* le foyer lumineux et *B* le pied de la lumière ; de ce dernier point on mène l'horizontale *BC*, et élevant la verticale *DE* en *F*, on voit par le plan *C* du flambeau que la lumière se trouve sur les deux premières marches et devant la troisième. Du point *B*, pied du flambeau, et par le point de vue *V* ; on mène la ligne *BG*; du point *G* on abaisse la verticale *GH*: du point *H* on tire au point de vue *V* la la ligne *HI* jusqu'à la rencontre de la verticale abaissée du pied du flambeau, ce qui donne le point *T*; de ce point, et par le point *J*, on mène une ligne qui rencontrant le rayon partant de *A* et passant par *L* détermine le point *K* duquel on mène l'horizontale *KM* pour l'ombre portée de *LG*. Du point *K* on tire la ligne *BN* dirigée au point de vue *V*; du point *A*, et par le point *O*, on tire le rayon *AP*, et pu point *P* la ligne *PQ* dirigée au point de vue *V*; du point *A*, et par le point *F*, on tire le rayon *AS*, et du point *S* la ligne *ST* dirigée au point de vue *V* : des points *Q* et *T* on abaisse les deux verticales *QR*, *TU*. Du point *X*, tiers de *GH*, on mène une ligne dirigée au point de vue *V* jusqu'à la rencontre de la verticale abaissée du pied du flambeau, ce qui donne le point *Y*; de ce dernier, et par le point *R*, on mène la ligne *YZ*, pour donner la largeur apparente de l'ombre portée de la seconde marche; enfin, du point *I*, et par le point *U*, on mène la ligne *IN* pour donner la largeur apparente de l'ombre portée de la première marche, et l'opération est terminée.

La lumière étant derrière un parallélipipède, déterminer l'ombre portée par ce solide sur les marches d'un escalier qui se trouve en avant de lui et parallèle à la ligne de terre du tableau.

Fig. 1, *pl.* 59. D'un point quelconque *C*, pris sur la ligne d'horizon, et du pied *B* de la lumière, on mène la ligne *DE*; des points *DE*, on élève et on abaisse des verticales *EF*, *DG*, etc., ce qui donne le profil perspectif *IH*, *GD*, *EF*, *JK*; puis, des parties de ce profil et par le même point *C*, menant des lignes jusqu'à la rencontre du flambeau et de la verticale abaissée de son pied *B*, on obtient les points *LMBNO* pour les plans du flambeau, eu égard aux marches. Ainsi, du point *B* et par les points *PP'*, on mène les lignes *BQ*, *QR'*; des points *QQ'*, on abaisse les verticales *QR*, *Q'R'*; des points *RR'* et par le plan correspondant *N*, on mène les lignes *RS*, *SR'*; des points *SS'*, on abaisse les verticales *ST*, *TS'*; des points *TT'* et par le plan *O*, on mène les lignes *TU*, *T'U'*, qui donnent les points *UU'* pour l'ombre horizontale.

De même, du point *B* et par le point *X*,

on mène la ligne XY qu'on abaisse verticalement en XZ; et par le plan N, on mène la ligne ZI qui sera coupée en 1 par le rayon; des points U 2, on tire, au point de vue V, les lignes U 3, 2, 1; et la ligne 3, 2, sera la coupe de l'ombre sur la marche : mais comme cette marche est ombrée, cette ombre 3, 2 sera confondue avec celle qui couvre la marche.

Le flambeau étant sur le côté d'un parallé-lipipède et plus éloigné que ce solide dans le plan du tableau, déterminer l'ombre qu'il projette sur un plan incliné.

Fig. 2, *pl.* 59. Du point B, pied du flambeau et par les points CDE du plan de l'objet, on mène les lignes CF, DG, EH: du point B l'horizontale BI; et, du point I, les lignes IJ parallèles à la ligne KL du talus; alors, prolongeant cette ligne IJ jusqu'à la rencontre de la verticale abaissée du point B, pied du flambeau, on a le point M qui est le plan de ce flambeau par rapport au plan incliné; ainsi par ce point M on relève les lignes FN, GO, HP, qui déterminent les rayons partant du point A, foyer de la lumière; et qui, passant par les points QRS, forment l'ombre du solide sur le talus ; puis, pour l'ombre portée de ce talus sur le terrain perspectif, d'un point quelconque de son profil, comme T, on abaisse la verticale TU; du point B et par le point U, on mène la ligne UX; du point A, foyer de la lumière, et par le point T, on mène une ligne qui, coupant la précédente, donne le point X, qui joint au point K, détermine la direction de l'ombre du talus sur le terrain perspectif.

Fig. 1 , *pl.* 60. Cette figure est la même que la précédente ; seulement, le flambeau se trouvant plus rapproché du spectateur qu'il ne l'est dans l'autre, l'ombre du solide est, par conséquent, dirigée en sens opposé. Du reste, l'opération se fait par le même moyen ; ce qu'on peut voir par les lignes dont on se sert pour la faire.

RÉFLEXION OU MIRAGE

DES OBJETS DANS L'EAU OU SUR UN MIROIR.

Si l'on considère une eau calme, on remarquera que tous les objets qui se trouvent sur le bord de cette eau s'y réfléchissent

ainsi que sur un miroir; et cela, dans une·
proportion égale à celle qu'ils ont dans la
nature, avec cette différence, cependant,
que les lignes fuyantes paraissent plus longues qu'elles ne le sont sur l'objet réfléchi.
Cela vient de ce qu'étant plus éloignées de
la ligne d'horizon vers laquelle ces lignes se
dirigent, puisqu'elles tendent aussi au point
de vue, elles doivent naturellement monter davantage pour s'y rendre que celles de
l'objet réel ne descendent pour y arriver ;
mais, comme elles peuvent être contenues
entre les verticales abaissées de l'objet réfléchi, il est constant qu'elles sont de
même grandeur dans la nature, et que ce
n'est que l'effet perspectif qui leur fait subir cette augmentation apparente.

La principale opération de la réflexion
des objets dans l'eau, consiste à déterminer
d'une manière exacte le niveau de cette
eau, ce qu'on parvient à faire en supposant
qu'elle s'enfonce sous le terrain jusqu'à la
rencontre du pied de l'objet, point à partir
duquel commence la réflexion de cet objet.
On comprend alors qu'il se trouve diminué
de toute la profondeur apparente du terrain sur lequel il repose et qui le sépare de
l'eau, ce qui fait qu'on n'aperçoit plus de

cet objet que ce qui lui reste de hauteur en plus de l'espace apparent de ce terrain; et que, si ce dernier a, en profondeur perspective, ce que l'objet a en hauteur, on n'en voit plus rien dans l'eau; puisque dans tous les cas, l'angle d'incidence est égal à l'angle de réflexion.

Il suit de ce principe, que les objets se réfléchissent en sens contraire et dans des proportions égales à celles de l'objet même; que la réflexion d'une ligne verticale est une ligne verticale; que la réflexion d'une ligne horizontale est une ligne horizontale, et que la réflexion d'une ligne fuyante tend au même point que celle de l'objet même.

Nous ajouterons que, pour déterminer le point de réflexion des corps célestes, il faut supposer que le niveau de l'eau se prolonge jusqu'à la ligne d'horizon; puis, prendre la hauteur apparente de l'astre au-dessus de cette ligne; et, après avoir abaissé une verticale indéfinie partant du centre de l'astre, indiquer sur cette ligne, à partir de celle d'horizon, un point qui sera celui du centre de l'astre réfléchi.

*Déterminer sur une surface polie la ré-
flexion d'un plan vertical, soit que cette
surface, perpendiculaire à la ligne de
terre du tableau, soit dirigée au point
de vue ou parallèle à la base du tableau.*

Fig. 2, *pl.* 60. Soit la surface polie 1, 2,
dirigée au point de vue V, sur laquelle il
s'agit de déterminer la réflexion du plan
vertical $ABCD$. Des points AB on mènera
les horizontales AF, BE; on prolongera la
ligne AB en sorte qu'elle donne le point G
sur la ligne d'horizon, et le point H sur la
fuyante 1, 2; puis, on prendra la distance
VG, et on la portera de V en I; on mènera ensuite du point H une ligne au point I
qui, passant sur les lignes horizontales menées de AB, donnera les points EF desquels on élèvera des verticales; du point G
et par la ligne supérieure CD du plan vertical, on mènera une ligne qui sera coupée
en J par une verticale élevée du point H;
et, menant la ligne JI, on aura sur les verticales élevées de EF, les points KL, ce qui
terminera la réflexion du plan sur la surface
1, 2, dirigée au point de vue.

Soit maintenant la surface 2, 3, parallèle

à la ligne de terre du tableau et sur laquelle il s'agit de déterminer la réflexion du même plan *ABCD*. Des points *A* et *B* on mène des lignes au point de vue *V*; la ligne *HG* passant sur l'horizontale **2**, **3** donne le point d'intersection *M* duquel on élève une verticale qui, coupant la ligne *JG* donne le point *N*; de ce dernier, et de *M*, on tire des lignes au point *I*; la ligne *MI* coupant celles qui partent de *AB* et, menées au point de vue *V*, donne les points *OP*. De ces points on élève des verticales qui, rencontrant la ligne *NI*, donnent les points *QR*, qui, joints à *OP*, servent à tracer la réflexion du plan vertical sur la surface **2**. **3** parallèle à la ligne de terre du tableau.

Déterminer la réflexion d'une ligne verticale touchant à la surface de l'eau.

Pl. 61. Soit *AB* cette ligne verticale, la prolonger indéfiniment dans l'eau, prendre sa dimension *AB* et la porter de *A* en *B'*; l'on aura alors la réflexion de cette ligne.

Déterminer la réflexion d'une ligne droite inclinée sur la surface de l'eau.

Pl. 61. Soit *CD* cette ligne inclinée; du

point C, abaisser une verticale indéfinie ; par le point E, endroit où cette ligne plonge dans l'eau, mener une horizontale qui, passant sur la verticale abaissée de C, donne le point D ; prendre la distance CD et la porter au-dessous en C' ; joignant alors $C'E$ par une droite, on aura la réflexion de la ligne inclinée.

Une maison étant sur un point élevé, et plus en arrière que ne l'est le massif sur lequel elle repose, déterminer le niveau de l'eau au pied de cette maison.

Pl. 61. Soit JF la base de cette maison ; des points FJ, abaisser des verticales indéfinies ; du point F, mener l'horizontale FG ; du point G, abaisser la verticale GH ; et, du point H, mener une horizontale qui coupera en I et en K les verticales abaissées des points F et J ; du point I, mener une ligne au point de vue ; cette ligne, ainsi que l'horizontale IK, donneront le niveau de l'eau au pied de la maison, tant pour le côté parallèle à la base du tableau, que pour celui qui tend au point de vue.

Déterminer la réflexion d'un toit en pyramide.

Pl. 61. Du point L, sommet de ce toit, abaisser une verticale indéfinie ; tracer la ligne MN qui joint les angles opposés du plan du toit, coupe en O la verticale abaissée de L ; faire cette même opération pour l'objet réfléchi, ce qui donnera les points $M'O'N'$; prendre la distance OL et la porter sur la verticale de O' en L', ce dernier point sera le point sommet du toit de l'objet réfléchi.

Nous ne pensons pas qu'il soit nécessaire de nous étendre davantage sur les différentes parties de cette planche, dont la vue seule suffira pour faire comprendre le principe de la réflexion dans l'eau, de quelque objet que ce soit.

DIMINUTION APPARENTE DES FIGURES,

PAR LEUR ÉLOIGNEMENT DANS LE PLAN DU TABLEAU.

Nous avons dit plus haut que la ligne d'horizon d'un tableau devait toujours être placée à la hauteur de l'œil du spectateur, ou de celui qui dessine ; et que, selon la position de ce dernier, cette ligne était susceptible de s'élever ou de s'abaisser. Il résulte de ce principe que, lorsque le spectateur est supposé se trouver debout sur un plan parfaitement horizontal, tel, par exemple, que le parquet d'une galerie ou le pavé d'un édifice, les figures ne doivent perdre de leur hauteur que par le bas, puisqu'elles reposent sur un terrain qui, en apparence, semble monter vers la ligne d'horizon, et que quel que soit dans ce cas l'éloignement d'une figure dans le plan du tableau, sa tête doit toujours être à la hauteur de cette ligne : *Fig*. 1, *pl*. 62. Cependant, lorsqu'on fera un tableau dans lequel les figures auront une certaine dimension, on pourra leur faire subir inégalement une légère diminution par la tête, attendu que, dans la nature, tous les hommes ne sont pas de la même taille ; mais il faudra que cette diminution soit peu considérable et seulement pour éviter la monotonie que produiraient toutes les têtes de ces figures rangées sur une même ligne.

Lorsqu'on suppose le spectateur assis, et par conséquent ayant la tête moins élevée que lorsqu'il était debout, la ligne d'horizon, ainsi que nous l'avons dit, doit être à la hauteur où se trouve alors l'œil du spectateur ; et si, dans cette position, il observe les figures qui sont debout sur le plan (supposé horizontal), et desquelles il voudra composer son tableau, ces figures lui paraîtront se diminuer par la tête et par les pieds. *Fig.* 2, *pl.* 62 : le même phénomène a lieu pour les hommes de petite taille ou pour les enfants.

Dans le cas où le spectateur se trouve sur un point plus élevé que le terrain perspectif du tableau, les figures reposant sur ce terrain peuvent alors paraître superposées, *fig.* 3, *pl.* 62, comme elles le sont à tort dans les ouvrages des peintres qui ignorent les règles de la perspective, et placent toujours trop haut la ligne d'horizon de leurs tableaux où rien ne motive ce cas exceptionnel, espérant, par ce moyen, leur donner plus de profondeur. Cependant, nous devons dire que quand le terrain perspectif suit un mouvement ascensionnel, les figures du fond peuvent avoir les pieds sur un point plus élevé que celui où se trouve la tête des figures qui occupent le premier plan ; car alors, ainsi qu'on l'a vu plus haut, les lignes de ce terrain ne sont plus dirigées au point

de vue, mais à un point accidentel aérien,
vers lequel tendent aussi les lignes déterminant la hauteur apparente des figures qui
occupent les différents plans du tableau.
Fig. 4, pl. 62.

APPLICATION DE CES RÈGLES.

Fig. 1, pl. 62. *Le spectateur étant debout
sur un terrain perspectif, supposé parfaitement horizontal, déterminer la
hauteur apparente d'autres personnages
reposant sur le même terrain et de plus
en plus éloignés du premier plan.*

Soit *AB* la ligne d'horizon fixée à la hauteur de l'œil du spectateur, posé de façon
que sa tête se trouve juste en face du point
de vue *V*, et que ses pieds reposent sur la
ligne de terre du tableau. De chaque extrémité de la ligne de terre, comme *DE*, on
mène des fuyantes au point de vue *V*; on
porte de chaque côté du tableau la hauteur
du spectateur, ce qui donne les points *F'G'*
desquels on mène aussi des lignes au point
de vue *V*, et l'on a les deux échelles fuyantes
FVD, *GVE* dans lesquelles les lignes verticales seront de même grandeur perspec-

tive, c'est-à-dire égales à la hauteur du spectateur CV, puisque les échelles FVD, GVE sont le résultat de lignes parallèles mises en perspective. Pour obtenir la hauteur apparente de personnages posés aux différents plans du tableau, on élève des verticales contenues entre ces parallèles fuyantes telles que HI, JK, LM, NO; des points inférieurs de ces verticales, on mène des horizontales déterminant la hauteur des personnages qui se trouvent sur les plans correspondants à ces verticales, ce que nous représentons par notre dessin où nous avons fait, ainsi que cela doit être, le personnage HI égal au personnage HI; le personnage JK égal à JK, etc.

On comprendra, nous le pensons, que ce personnage CV qui se trouve au milieu et sur le bord du tableau, n'est là que comme point de comparaison, et seulement pour l'intelligence de ces opérations. Il serait du plus mauvais effet d'avoir, dans un tableau, un personnage ainsi posé; et nous ne l'avons placé dans les quatre figures de la planche 58 que pour nous faire mieux comprendre.

Fig. 2, pl. 62. *Le spectateur assis et reposant sur un terrain perspectif supposé horizontal, déterminer la hauteur apparente d'autres personnages placés sur le même terrain perspectif et de plus en plus éloignés du premier plan.*

Cette opération ne diffère de la précédente qu'en ce que le spectateur étant assis, on se trouve obligé de porter plus bas la ligne d'horizon, puisqu'elle doit toujours être à la hauteur de son œil; seulement, les personnages, au lieu de ne diminuer que par les pieds comme dans le cas précédent, perdent de leur hauteur par le bas et par le haut. Lorsqu'on emploiera ce cas exceptionnel, on devra ne pas négliger de faire comprendre ce qui oblige à porter aussi bas la ligne d'horizon, dont l'abaissement non motivé pourrait être considéré comme une faute très grave pour ceux qui n'en comprendraient pas la cause.

Fig. 3, pl. 62. Le spectateur étant sur un point plus élevé que le terrain perspectif, toujours supposé horizontal, déterminer la hauteur apparente d'autres personnages reposant sur ce même terrain, en des endroits plus ou moins éloignés du premier plan.

Cette opération est toujours, quand au fond, la même que les deux précédentes, dont elle ne diffère que par l'élévation de la ligne d'horizon qui doit toujours se trouver à la hauteur de l'œil du spectateur. Dans ce cas, les personnages du fond peuvent paraître sur un point plus élevé que ceux du premier plan, parce que le terrain perspectif paraît suivre un mouvement ascensionnel à cause de l'élévation de l'horizon.

Nous croyons devoir répéter encore qu'il est de toute nécessité de motiver l'emploi de ces exceptions, afin qu'elles ne soient pas interprétées comme des fautes produites par l'ignorance des règles de la perspective.

Fig. 4, pl. 62. *Le spectateur étant debout sur un terrain perspectif, dont une partie est parfaitement horizontale, et dont le fond suit un mouvement ascensionnel, déterminer la hauteur apparente des personnages qui se trouvent sur la partie horizontale de ce terrain, ainsi que la hauteur des personnages qui sont sur la partie de ce terrain qui suit un mouvement ascendant.*

Il faut, dans ce cas, déterminer au-dessus du point de vue V, le point accidentel V'', par la prolongation des lignes de côté de la partie ascendante du terrain perspectif, ainsi que nous l'avons expliqué plus haut. Des points d'intersection PQ, donnés par le passage des fuyantes DV, EV sur la ligne où commence la partie ascendante du terrain, on élève ensuite les verticales PR, QS comprises entre les échelles fuyantes FVD, GVE dirigées au point de vue V; des points $PQRS$, on mène des lignes au point accidentel V'': ces lignes suivant le mouvement du terrain ascendant, donnent les échelles fuyantes $RV''P$, $SV''Q$ et servent à déterminer la hauteur apparente des personnages qui reposent sur cette partie ascendante du terrain. Pour ceux qui se trouvent sur la partie horizontale du terrain perspectif, on se servira de l'opération décrite pour la figure 1 de la même planche.

Nous pensons que les opérations décrites pour les 4 figures de la planche 62, résument les règles relatives à la dégradation des personnages dans un tableau quel qu'il soit, et que les élèves qui auront bien compris ces opérations, seront certainement en état de résoudre toute question relative à cette partie importante de la perspective.

FIN.

Impr. de C. Rey Jne et Cie, place St-Jean, 6, à Lyon.